经济管理学术文库 · 管理类

智能互联产品内容个性化对用户价值影响的实证研究

An Empirical Study on the Impact of Content Personalization on User Value of Smart Connected Products

李韬奋／著

图书在版编目（CIP）数据

智能互联产品内容个性化对用户价值影响的实证研究/李韬奋著. —北京：经济管理出版社，2019.5

ISBN 978-7-5096-6499-5

Ⅰ.①智… Ⅱ.①李… Ⅲ.①移动终端—智能终端—用户—体验—研究 Ⅳ.①TN87

中国版本图书馆 CIP 数据核字(2019)第 066500 号

组稿编辑：杨国强
责任编辑：杨国强
责任印制：高　娅
责任校对：陈　颖

出版发行：经济管理出版社
（北京市海淀区北蜂窝 8 号中雅大厦 A 座 11 层　100038）
网　　址：www. E-mp. com. cn
电　　话：（010）51915602
印　　刷：三河市延风印装有限公司
经　　销：新华书店
开　　本：720mm×1000mm/16
印　　张：12.25
字　　数：216 千字
版　　次：2019 年 5 月第 1 版　　2019 年 5 月第 1 次印刷
书　　号：ISBN 978-7-5096-6499-5
定　　价：68.00 元

内容简介

本书针对我国智能互联产品制造企业所面临的“硬件雷同、内容抄袭”和“低价格、低附加值”问题，以移动智能手机、智能手表、智能电视和智能汽车的代表产品为对象进行跨案例对比研究，构建了智能互联产品内容个性化、用户体验和用户价值影响关系的理论模型。采用问卷调查方法，通过结构方程模型验证了智能互联产品的内容个性化对用户价值的显著正向影响作用以及用户体验的中介效应。本书建议智能互联产品制造企业围绕交互体验和功能体验，从内容优化、内容推荐、内容定制和内容扩展四个方面来进行内容个性化设计。

本书可为高等院校管理类专业本科生、硕博士研究生提供学习参考，也可以为企业智能互联产品开发人员提供理论借鉴。

前言

自苹果公司发布 iPhone 系列移动智能手机之后，智能互联化浪潮席卷全球，不到十年时间，各种各类的智能互联产品层出不穷，除了日常消费的智能手机、智能电视、智能空调、智能汽车、智能手表等之外，智能工装、智能设备、智能物流、智能机器人等工业性智能互联产品也已经出现。有学者认为，未来十年将是泛智能化的时代，随着芯片、通信、材料、传感以及生物技术的不断进步，万物互联互通和智能化潮流已不可逆转。

然而，在智能互联产品整体市场被看好的同时，种种问题也开始浮现出来：供应链不成熟，关键的芯片和传感器的供应商数量稀少，成本高昂；技术创新乏力，许多产品不过是“伪智能互联产品”；企业间恶意模仿，产品同质性严重。腾讯研究院的《2017 中国创新创业报告》数据显示，2017 年智能互联企业的死亡率高达九成；前瞻产业研究院的《2018 年中国智能硬件行业现状与发展趋势报告》则指出，我国智能硬件产品目前仍存在着“智能化”程度与消费者的心理落差较大、用户整体满意度不高的问题。这不禁引人深思，什么样的产品才是真正的智能互联产品？用户到底需要什么样的智能互联产品？企业应当如何进行智能互联产品开发？

前期研究发现，除了提供智能化的硬件之外，智能互联产品最大的特点是用户在产品使用过程中还能够享受到内容个性化的体验和服务。许多跨国智能互联产品生产企业，如苹果、三星等均有自己的内容个性化设计方案，因此即便在硬件智能方面不断被模仿，也能凭借着内容个性化方面的优势，牢牢把握住市场。相比之下，我国绝大多数的企业却陷入了“硬件雷同、内容抄袭”和“低价格、低附加值”的困境，原因就是企业未能认识到内容个性化对智能互联产品用户价值的影响作用。

基于此，本书综合运用智能互联产品理论、内容个性化理论、用户体验理论和用户价值理论，围绕“智能互联产品内容个性化对用户价值的影响关系及其作用机理”这一核心问题展开研究，全书展开为七章：前二章为本研究的铺垫，第三、第四、第五和第六章是本书的重点，其中第三章是探索性研究，得出初步研究设想，其中第四章建立了理论模型和假设；第五和第六章是研究设计和假设验证；第七章为研究的总结。

本书首先对智能互联产品和内容个性化的内涵进行了界定，提出智能互联产品内容个性化的两条实现路径：企业引导的内容个性化和用户自发的内容个性化。受 Jeevan（2006）、Deldjoo（2016）和张磊（2013）等的启发，将企业引导的内容个性化分解为内容优化和内容推荐两个维度；受 Allan 等（2002）、Oliveira 等（2013）和聂华（2013）等的启发，将用户自发的内容个性化分解为内容定制和内容扩展两个维度。以我国移动智能手机、智能手表、智能电视和智能汽车的代表产品为对象进行探索性案例研究。跨案例对比分析结果表明：智能互联产品内容个性化程度越高，用户体验越佳；用户对智能互联产品的体验越佳，所创造的用户价值也就越高。

其次，受 Schmitt（1999）、智力（2011）、金海（2012）以及李建伟（2012）等的启发，将智能互联产品的用户体验划分为感官体验、交互体验和功能体验三个维度，探讨内容优化、内容推荐、内容定制和内容扩展与感官体验、交互体验和功能体验之间的影响作用关系。研究结果显示，除了内容推荐和内容扩展对感官体验影响不显著之外，内容个性化的其他维度对用户体验各维度均具有显著正向影响。

最后，构建了智能互联产品内容个性化、用户体验和用户价值三者影响关系的理论模型，提出了 28 条研究假设。同时采用问卷调查方法，对所收集的 365 份有效问卷进行验证性因子分析、相关性分析、多重共线、同源偏差分析和结构方程模型分析，最终有 23 条研究假设得到支持，3 条研究假设部分支持，2 条研究假设不支持。实证研究结果表明，智能互联产品的内容个性化对用户价值具有显著正向影响，用户体验在两者之间起到中介作用。建议制造企业以用户体验为中心，将内容个性化作为智能互联产品开发的主要方向；在进行智能互联产品内容个性化设计时，优先考虑内容优化和内容定制；用户体验设计时，应更多地聚焦于交互体验和功能体验上。

在本书的研究和撰写过程中，得到了多方面的支持和关心，在此向所有帮助过我的人表示感谢。感谢我的导师西北工业大学的郭鹏教授在学业、科研、工作和生活上给予我的鼓励和帮助，郭老师的为人处世和严谨治学态度将永远是我学

习的榜样；感谢西北工业大学的赵嵩正教授、梁工谦教授、缪小明教授、朱煜明教授以及西安理工大学的杨水利教授给本文提出的宝贵修改意见；感谢我的父母、哥哥、妻子和女儿，是你们在我最需要帮助的时候，给予我默默的支持；要感谢要所有给予了我帮助的亲朋好友，感谢探索性案例研究中所有的企业人士和问卷调查中所有的调查对象，谢谢你们对本书的支持！

由于笔者水平有限，编写时间仓促，所以书中错误和不足之处在所难免，恳请广大读者批评指正。

目　录

第一章　绪论

第一节　现实背景和理论背景

一、现实背景

人类社会经济发展先后经历了三次工业革命，前两次分别以蒸汽机和电气化为标志，第三次则是以信息化为标志（张海滨，2013）。信息化技术将人类从脑力劳动中初步解放出来，也使得技术进步呈加速状态，新兴技术转化为产品的周期越来越短。从经济发展角度看，每一次工业革命都会带来生产效率的大幅提升：经济合作与发展组织（OECD）2006 年出版的“*The World Economy*”数据显示，全球 GDP 在 1600 ~ 1700 年增长了 12.7%，年均复合增长仅 0.12%；蒸汽机发明后，全球 GDP 在 1700 ~ 1860 年增长了 87%，年均复合增长 0.52%；电气化的实现进一步推动经济的发展，从 1870 年起，不到 50 年的时间里全球 GDP 便实现了 145.6% 的增长，年均复合增长达到 2.11%；20 世纪 50 年代信息技术革命席卷全球，截至 1970 年全球 GDP 总量就翻了三番，年均复合增长率达到了 4.9%。到了今天，随着大数据、物联网、云计算和智能制造技术的快速发展，以及德国工业 4.0、美国制造业 2.0 和我国制造业 2025 等战略规划的提出，越来越多的学者认为以网络化为基础、智能互联为标志的第四次工业革命已经来临。在智能互联时代下，传统制造业的生产经营模式和价值创造模式将会被彻底颠覆，对于消费者而言，最显著的变化是日常所使用的产品逐渐从功能性产品演变为智能互联产品。

（一）智能互联产品已经渗透到各个领域之中，泛智能化趋势明显加快

一般认为，2007 年苹果公司所研发的第一代 iPhone 移动智能手机是进入移动互联时代的一个里程碑。iPhone 产品的出现，标志着人工智能和信息网络化技术已经可以较好地融合到人们的日常消费品之中，制造业产品也开始从传统功能性产品转向智能互联产品。iPhone 产品最大的特点是智能硬件和智能操作系统的有机集成，用户可以在产品消费和使用过程中通过移动互联网络获得并享受各种内容服务，从而源源不断地创造出用户价值。

iPhone 的出现带来移动手机行业的重新洗牌，由于转型不顺利，诺基亚、摩托罗拉等传统制造厂商纷纷陷入困境。移动手机行业的智能化变革风暴很快波及其他行业，从 2013 年开始，以智能硬件为核心的智能互联产业获得了快速发展，不同种类的产品层出不穷，行业呈现出了爆发式增长的情景。从横向上看，智能互联产业已经从移动手机领域延伸到可穿戴设备（包括手表、眼镜、手环等）、家电、汽车、医疗健康、玩具和机器人等多个领域；从纵向上看，从上游的产品研发、设计、制造延伸到下游终端用户，完整的产业链条已经初步形成。与之相适应，世界各国在战略层面也对智能互联产业极为重视。以我国为例，“中国制造 2025”已经明确指出了提高我国制造业智能化水平的目标，而在 2015 年 5 月 18 日，国家发改委、科技部、工信部和中央网信办联合发布了《“互联网 +”人工智能三年行动实施方案》，要求到 2018 年在我国初步形成“互联网 +”人工智能的产业、服务和标准化体系，实现核心技术突破，这彰显了我国制造业智能化转型升级的决心。

总而言之，未来十年将是泛智能化的时代，智能互联化将进入加速扩散阶段。相关学者预计，2020 年全球市场规模将达到 183 亿美元，市场空间巨大。芯片、通信、材料、传感以及生物技术将不断进步，万物互联互通和智能化潮流已不可逆转。在需求端，现有智能互联终端普及和使用习惯后，将会激发出更多、更细分的应用需求；在供给端，随着计算机处理技术性能越来越高、通信技术传输速度越来越快和传感技术精度不断提升，未来将有更多硬件产品实现智能互联，泛智能化大潮正在来袭。

（二）智能互联产品取代传统功能性产品，是因为能够带来更佳用户体验，创造更多用户价值

自美国学者 Alvin Toffler 提出用户体验的概念之后，用户体验就成了企业新产品开发的关键影响因素之一。作为一种新产品，智能互联产品能够取代传统的功能性产品，是因为它能够给用户带来更佳的体验。综观国内外成功的智能互联

产品生产企业，无一不是在用户体验方面下足功夫。例如，智能移动手机并非苹果公司首先发明的，但苹果的 iPhone 产品是让用户率先体验到“智能”的手机。为了能够让移动手机“智能”起来，苹果公司引进了很多新技术，如多点触摸技术、重力感应系统等；同样，手机上网也不是苹果公司先开发出来的，但手机上网体验做得最好的是苹果公司。

国内的小米公司亦以注重用户体验著称，小米公司甚至专门设置了用户体验总监这一职位。小米公司还创立了独特的“60 万米粉参与开发 MIUI 操作系统”的研发模式，很多小米智能手机 MIUI 系统的改进方案，都是由用户提出来的（如虚拟九宫格键盘），确保小米智能手机更加符合中国人的使用习惯。另外，小米公司还构建了小米生态圈，包含有智能硬件生态链、内容产业生态链和云服务三个层次，这三层之间通过 MIUI 相互连接；小米公司旗下的智能互联产品，包括移动智能手机、智能电视、智能路由器、平衡车、智能净水器、智能插座和智能灯泡等，均可以实现真正的智能互联。

用户体验上的卓越表现，使得智能互联产品全面取代传统功能性产品，并创造出大量的用户价值。这也促使企业快速发展，短短时间内创造出大量财富，增长速度之快在传统制造产业里是不敢想象的。如苹果公司，在 2006 年第一代 iPhone 产品推出的前夕，市值仅为 720 亿美元；但到了 2010 年 5 月，其市值就达到 2221 亿美元，同年 8 月增长到 3370 亿美元；到 2012 年 4 月，便突破了 6000 亿美元；之后虽然增长速度有所下降，但目前仍维持在 7000 亿美元左右。小米公司的发展速度也是非常惊人，2010 年 4 月公司成立，2012 年 5 月推出小米 1 之后，市值估值仅为 40 亿美元；2013 年 8 月的时候，市值估值就达到 100 亿美元；到 2014 年 12 月，其市值估值便高达 450 亿美元。

（三）智能互联产品能够获得良好用户体验，创造用户价值，除硬件智能化的因素之外，内容个性化也至关重要

移动手机进入智能互联时代后，传统制造厂商纷纷遭遇困境，新兴的手机业务分化，出现了两条不同的发展路径：一条路径为硬件创新，以苹果、D 集团和小米等公司为代表，他们同时给高通、富士康等一大批智能硬件生产企业和代工企业提供业务；另一条路径为内容创新，以谷歌和苹果公司所开发的 Android 和 IOS 智能操作系统平台代表，围绕这两大平台，市场涌现出大量专业的 App 应用开发商，同时为系统用户提供内容服务。受移动手机行业的启示，其他产业也开始摸索“硬件 + 内容”的发展道路。以汽车制造业为例，也慢慢形成了硬件制造和内容生产并立的格局。硬件方面以蔚来汽车、法拉第未来以及和谐富腾 Furture mobility 等为代表，他们或通过品牌，或通过极致工艺，或通过工业大数据技术进入汽车硬件的生产领域；内容方面则是以阿里 YunOS 系统、乐视内容生态为代表，阿里造车和乐视造电视等均是近年来人们所关注的焦点。

移动智能手机和智能汽车给智能互联产业的发展打造了“硬件 + 内容”的经典范式，这与小米公司创始人雷军所提出的“硬件 + 系统 + 应用”理念相似。按照 Ferretti 等（2016）学者对产品内容的认知，操作系统和应用属于内容，但内容的范畴不仅局限于此，还包括文字标识、注释、新闻和图片等包含在产品和服务内部的信息以及互联网信息和用户云端数据等。就当前消费情况来看，用户选择智能互联产品来代替传统功能性产品，不仅因为智能互联产品在硬件方面功能更强和体验更佳，还在于用户在消费和使用智能互联产品过程中可以享受到系统和 App 内容生产商所提供的个性化内容服务。用户可以在操作系统平台上自由下载自己喜欢的内容，或是自己动手生成内容（如拍照、录像等），甚至有的用户还可以对操作系统进行自定制（如 root、刷机等），从而获得内容“DIY”的体验和乐趣，企业则因此获得用户价值。

基于此原理，阿里和百度的造车计划以及乐视制造互联网电视，本质也是以内容驱动产品创新，以内容个性化创造用户价值：阿里以操作系统为基础切入，打造智能化时代的基础平台，把阿里的电子商务系统融入汽车消费领域中，瞄准的是差旅和驾驶过程中潜在的价值空间；百度从大数据和智能认知角度切入，打造全自动驾驶汽车，看重的是汽车内容搜索市场；乐视则从自身最擅长的内容领域入手，培养智能化平台上的海量应用，目的是对传统内容消费产业进行升级。

（四）虽有成功经验可供借鉴，我国大多数的智能互联产品制造企业却面临着“硬件雷同，内容乏力”的困境

由于缺乏技术创新能力，或是在传统家电生产过程中尝到过模仿的甜头，在智能互联产品刚刚兴起的时候，国内许多制造企业不约而同地模仿国外成功产品。无论是移动智能手机还是可穿戴设备，短期内涌入大批的模仿竞争者，不过最后给用户带来的都是同质化的产品。硬件有专利保护尚且如此，产品内容方面的表现更为不堪，内容抄袭现象极为严重，有的制造商和内容生产商甚至以“微创新”之名行抄袭之事。这导致用户体验差，产品利润低下，不仅未能享受到智能互联技术带来的红利，反而损坏了行业整体形象。

2013 年，也就是行业人士所认为的“智能硬件元年”，受国家相关政策的刺激，可穿戴设备等智能互联产品在资本市场受到追捧。国内许多传统制造企业都制定出自己的智能互联产品开发计划，各种创业公司也都热衷于拓展智能互联产

品的产业链条。仅过三年，智能硬件便迅速冷却降温。据不完全统计，我国智能互联产品硬件领域已经有九成以上企业被淘汰出局。之所以会出现高开低走现象，可以归咎于企业间的硬件雷同和内容乏力。目前，智能互联产品行业现状是产品与市场脱节，有充沛需求却难以挖掘，企业过度强调硬件智能，相对忽略了消费者的内容个性化需求。由于缺乏内容，许多产品不过是“伪智能互联产品”，如给冰箱加入屏幕显示、WiFi 连接功能或通过手机 App 控制洗衣机等；更为可怕的是，只要有一家企业推出该功能，其他企业便竞相模仿。这些华而不实、体验糟糕的产品，非但没有解决用户需求痛点，还增加了用户学习成本，更透支着用户对智能互联产品的信任。

即便是在较为成功的移动智能手机行业，这些年来我国企业强势崛起，逐渐占据大半的市场份额，但整体利润水平与市场地位明显不符。相关数据显示，国内第一阵营的移动智能手机制造企业 D 集团、OPPO 和 vivo 在 2017 年的利润均在 100 亿元左右，处于第二阵营的小米、金立、传音等的利润总共也就 10 亿元左右，剩下的其他品牌则基本上处于亏损状态。与此形成鲜明对比的是，苹果移动智能手机在 2017 年的利润将近 450 亿美元，折合人民币约 3000 亿元。也就是说，2017 年国内最赚钱的三家企业，其利润也只有苹果的 1/30，第二阵营的利润只有苹果的 1/300，其他多数企业尚不能盈利。分析其原因，还是在于“内容”受制于人，国内企业大多依赖于谷歌公司的 Android 系统。绩效较好的 D 集团、OPPO、vivo 和小米等公司虽然同样采用 Android 系统，但均进行了一定程度的定制和优化，形成自己的特色，如 D 集团的 EMUI 系统、OPPO 的 ColorOS 系统、vivo 的 Funtouch os 系统和小米的 MIUI 系统等。

综上所述，智能互联产品是网络技术和人工智能技术的最新发展成果，已经开始在人民的工作生活中普及应用，许多国家和地区均将其作为产业创新的重要方向和国民经济新的增长点。国内外成功企业已经给我国智能互联产品产业发展打造了“硬件 + 内容”的范式，但产品硬件同质化趋势已经难于避免，许多企业对产品内容的内涵认识不足，不知道应如何进行内容个性化设计，所以只能生搬硬套或直接抄袭，这就导致企业陷入“低价格、低附加值”的陷阱。因此，本书将对智能互联产品内容个性化的构成维度进行研究，探讨内容个性化对用户价值的影响关系及其作用机理，希望能够为我国智能互联产品制造企业的产品开发提供理论指导。

二、理论背景

近年来，随着移动智能手机的普及应用，以及智能汽车、智能家电、可穿戴设备等智能互联产品的出现，越来越多学着注意到了智能互联产品和内容个性化研究的交叉领域。从 2007 年起，“*International Journal of Production Research*”“*International Journal of Computer Integrated Manufacturing*”“*Engineering Applications of Artificial Intelligence*”“*International Journal of Systems Science*”“*Journal of Computer Science*”等国际期刊开始刊登智能互联产品和内容个性化方面的研究论文，智能互联产品及其内容个性化开始成为一个颇受关注的热点问题。然而，通过对现有文献的梳理，发现虽然众多学者意识到了智能互联产品及其内容个性化研究的重要性，但受限于研究条件和研究方法，许多关键问题至今未能得到回答。

（一）虽然现实生活中出现了多种类型的智能互联产品，但在学术研究上人们对智能互联产品的概念、内涵、特征等问题仍存不同看法

尽管人们生活中已经出现了各种各样的智能互联产品，在学术研究领域，智能互联产品研究却刚刚起步，即使是在概念、内涵和特征的理解上仍存在诸多争议。如在概念上，Valckenaers（2008）和 Mcfarlane（2008）等学者称之为“Intelligent Products”，Rijsdijk（2009）和 Valencia（2015）等名为“Smart Products”，Porter（2015）和 Mohelska（2016）等则提出“Smart Connected Products”；在国内，更多的学者采用的则是“智能硬件”的概念（纪阳，2015；吴掬鸥，2016）。

由于所采用的概念不同，在内涵界定上也有所差异，国内百度百科关于“智能硬件”的界定为“智能硬件是继智能手机之后的一个科技概念，通过软硬件结合的方式，对传统设备进行改造，进而让其拥有智能化的功能。智能化之后，硬件具备连接的能力，实现互联网服务的加载，形成‘云+端’的典型架构，具备了大数据等附加价值”。McFarlane（2013）等认为，“Intelligent Products”就是装备有自动识别系统和一些先进材料，而具备监控、评估和推理自己的当前及未来状况的产品。Rijsdijk（2009）认为，“Smart Products”是由于嵌入 IT 技术（如微芯片、软件、传感器等），使其具有收集、处理和生产信息的能力的产品，可描述为能够自己“思考”的产品。Porter（2015）等认为，“Smart Connected Products”是物联网时代的产物，是传统物理部件、智能硬件和网络组件的集成体。

在智能互联产品特征归纳上，各学者的描述也有所差异。如 Kärkkäinen 等（2003）认为，智能互联产品应当具有跨组织边界信息链接、独立身份和与用户沟通等特征。Gutierrez（2013）认为，情境性、个性化、适应性、主动性、商业意识和网络能力是智能互联产品的六个基本特征。Rijsdijk（2009）认为，智能互联产品的特征包括自治性、适应性、反应性、多功能性、合作能力、人性化交互和人格化等。Valencia（2015）从智能互联产品服务系统的角度出发，认为智能互联产品应具有用户增权、个性化服务、社区感、个人经验共享、服务参与和持续成长等特征。除此之外，Mcfarlane（2008）、Valckenaers（2008）和 Porte（2015）等学者也分别从不同的视角给出了自己的观点。

不难发现，学者们从多种视角对智能互联产品进行了研究，相关研究在某些方面已达成共识，如智能互联产品是人工智能技术和信息网络技术相结合的产物、智能互联产品可以自动存储用户数据和能够自动适应环境等，但在很多方面仍存在不同看法。这在一定程度上影响了智能互联产品理论的进一步发展，因此亟须对智能互联产品的概念、内涵和特征进行界定。

（二）智能互联产品可以通过内容个性化来创造用户价值，这一观点已经得到学者们认同，但人们对如何进行内容个性化设计还不甚明晰

在生产实践领域，企业家们早已经将网络化和智能化作为创造用户价值的主要途径，并将移动互联模块和智能模块嵌入传统功能产品之中，推出其智能互联产品。但因未能厘清智能互联产品用户价值创造的内在机理，很多企业开发出的产品不过是“伪智能互联产品”。

理论研究领域，学者们很早就指出智能互联产品内容的个性化特性，并识别其对用户价值的影响作用。通过文献回顾，发现尽管现有的研究大部分是综述和论述性文献居多，但很多研究还是从不同角度探讨了智能互联产品及其内容个性化给用户带来的价值，例如：Kärkkäinen 等（2003）指出，智能互联产品用户可以通过采用某些查找访问机制进行跨边界的信息资源连接，从而实现用户信息的共享和交流；Oliveira 等（2012）认为，智能互联产品界面的信息过滤、推荐、查询和自动编辑等内容个性化操作能够影响用户满意度；Främling 等（2013）指出，智能互联产品能够实现产品信息的实时监控，能快速适应环境并且做出反应，在变化的环境（即使是意外情况）中能够始终保持最佳性能，一定程度上解决用户的后顾之忧。此外，也有文献陆续指出智能互联产品能够帮助用户存储信息和数据（Mcfarlane，D.，2008）、帮助用户定位和追踪物流等（Valckenaers，P.，2008）。

不难发现，相关研究指出了内容个性化给智能互联产品用户所带来的价值，不过现有研究更多停留在定性推理阶段，这主要是因为人们对智能互联产品的内容个性化研究刚刚起步，一些基本的问题，如智能互联产品的内容个性化有哪些方面的特征、内容个性化可从几方面来实现等尚未能够得到解答，也就难于揭示内容个性化对智能互联产品用户价值的影响作用。因此，亟须对智能互联产品内容个性化的构成维度进行解析。

（三）其他领域的内容个性化研究文献虽然不少，但相对来说比较分散，缺乏对内容个性化理论的系统性研究

对智能互联产品内容个性化的构成维度进行解析，可以借鉴其他领域的内容个性化研究成果。通过文献梳理发现，内容个性化在很多领域存在研究。例如，在图书馆研究领域，Jeevan（2006）、张磊等（2013）分别对国内外高校的图书馆项目进行探讨，指出图书馆内容个性化包括图书资料查阅、课程相关资料下载、全市图书馆位置导航、在线续借和到期提醒等。在内容出版研究领域，翁彦琴（2014）对加拿大汤姆森法律与法规集团构建的 Westlaw 平台进行研究，指出其可以实现用户提供全天候的法律文件、文书和相关案例资料的内容搜索，为用户提供内容咨询等个性化内容服务。在网页开发和设计研究领域，Kazienko 等（2007）揭示了网页广告呈现位置对人们的广告内容认知效果的影响；Ferretti（2016）建议采用强化学习算法来挖掘用户信息，借助网络智能来实现网页内容个性化等。

在具体的实现策略方面，很多学者也给出了自己的看法。例如，Shafir（1993）、Park 等（2009）、于泳红（2005）、Talia 等（2010）、Yolanda（2011）、程丽娟（2016）等研究了内容选项呈现的策略和方法；Zenebe（2009）、Heung（2011）、刘玲（2012）、王刚等（2012）、Deldjoo 等（2016）探索了内容推荐的策略与方法；韩毅（2006）、Ghanbari 等（2010）、Chang 等（2011）和 Madkour 等（2012）研究了内容检索的策略与方法；Graham 等（2007）、Krumm 等（2008）、Baladron 等（2008）、蔡淑琴等（2011）和么媛媛等（2014）研究了用户生成内容的策略和方法。

不难发现，其他领域的内容个性化研究文献比较多，但总体来看研究比较分散，很多文献及从自己的视角展开分析，给出了一些对本研究有参考价值的成果。但由于缺乏对内容个性化的系统性研究，很多问题也没能得到解决。例如，内容选项呈现、内容推荐、内容检索、用户生成内容等与内容个性化之间有何关系？除了这些策略和方法之外，还有哪些内容个性化的策略与方法？不同视角虽

然能够对问题展开更深入的研究，但缺乏系统的归纳和总结会让实践者无所适从，看不清事物的真实面貌。因此，亟须从一个综合的视角对内容个性化的构成维度进行分析，进而研究每一维度对用户价值的影响作用。

（四）一些具体的内容个性化操作与用户价值之间的相关关系得到了验证，但内容个性化对用户价值影响作用机理的总体模型有待构建和验证

虽然缺乏内容个性化构成维度的综合研究，但一些文献已经指出了内容推荐、内容检索、用户生成内容等内容个性化操作对用户价值的影响作用。例如，Wang 和 Benbasat（2009）指出，个性化的内容推荐会提高消费者的使用意愿，而让用户了解推荐过程和明确推荐原因非常重要，因为这可能影响会到消费者信任，进而影响消费者对内容推荐系统的使用意愿。Doulamis（2013）的调查发现，几乎所有的网络用户都利用网络进行过内容搜索；而在网络购物情形下，更多用户倾向于自己搜索到的商品而非系统推荐的商品，这表明允许用户自行搜索内容在某种程度上是会影响用户价值的。卢余（2013）研究在线品牌用户生成内容与用户品牌态度的关系时，发现对于品牌零售商来说，在线品牌社群会影响成员对品牌的依附及其品牌决定，即用户生成内容对用户品牌态度具有正向显著影响作用。

在智能互联产品研究领域亦是如此，Molinillo（2012）探讨了移动智能手机线下购物体验对消费者购买决策的影响，指出，因为用户可以利用智能手机在网上搜索或是与其他用户交换信息，并获得了良好的体验，所以移动智能手机在零售购买过程中的使用率显著增加。Yolanda（2011）指出，由于新一代智能手持设备的产生，用户可以轻松地创建内容，并随时随地地从任何位置访问内容，满足了用户“DIY”内容的需求，这也是越来越多用户青睐于使用智能手持设备的原因之一。

除了以上学者的研究成果之外，分别以“Personalized recommendation + Satisfaction”“Personalized recommendation + Loyalty”“Personalized recommendation + Reuse intention”和“Personalized recommendation + User（customer）value”为关键词在 Elsevie 英文学术数据库上进行检索，分别找到 30 篇、3 篇、3 篇和 37 篇文献；分别以“Content retrieval + Satisfaction”“Content retrieval + Loyalty”“Content retrieval + Reuse intention”和“Content retrieval + User（customer）value”为关键词在 Elsevie 英文学术数据库上进行检索，分别找到 9 篇、2 篇、19 篇和 43 篇文献；分别以“User generated content + Satisfaction”“User generated content + Loyalty”“User generated content + Reuse intention”和“User generated content +

User（customer）value”为关键词在 Elsevie 英文学术数据库上进行检索，分别找到 17 篇、0 篇、1 篇和 104 篇文献。但直接以“Content personalization”与“User（customer）value”同为关键词进行检索，却未见有任何研究文献。

在中国期刊全文数据库上，同样以“个性化推荐 + 满意度”“个性化推荐 + 忠诚度”“个性化推荐 + 使用意愿”和“个性化推荐 + 用户（顾客/客户）价值”为关键词进行检索，仅能找到 8 篇、0 篇、2 篇和 2 篇文献；以“内容检索 + 满意度”“内容检索 + 忠诚度”“内容检索 + 使用意愿”和“内容检索 + 用户（顾客/客户）价值”为关键词进行查找，仅能找到 5 篇、0 篇、1 篇和 12 篇文献；以“用户生成内容”为关键词找到的文献更少，仅在“用户生成内容 + 满意度”上找到 1 篇文献。直接以“内容个性化”与“用户（顾客/客户）价值”同为关键词进行检索，却未见有任何研究文献。

综上所述，一些具体的内容个性化操作与用户价值之间的相关关系得到了研究和验证，这些文献大多是以网络购物和网页设计为背景展开研究的。鉴于智能互联产品的主要特征之一是网络互联性，现有的研究成果是可以应用在智能互联产品上的，因此智能互联产品内容个性化研究并不缺乏理论基础。但从总体上看，内容个性化与用户价值之间影响关系的系统性研究还未见，内容个性化对用户价值影响作用机理的总体模型有待构建和验证。因此，以智能互联产品为对象，全面研究内容个性化对用户价值的影响及其作用机理，无论是对企业的智能互联产品开发实践，还是对完善智能互联产品理论和内容个性化理论研究，均有着重要的意义。

第二节　问题提出及研究意义

一、研究问题提出

基于以上对现实背景和理论背景的介绍可知，智能互联产品已经渗透到各个社会领域之中，并开始取代传统功能性产品，成为人们工作和生活的首选。智能互联产能够比传统功能性产品获得更佳的用户体验，创造更多的用户价值，除了硬件智能方面的原因之外，产品的内容个性化也有很重要的作用。但在实际生产过程中，我国大多数的智能互联产品制造企业面临着“硬件雷同，内容乏力”

的困境，难以摆脱“低价格、低附加值”的命运。其主要原因是人们对智能互联产品的概念、内涵和特征等问题还存在异议，尽管智能互联产品可以通过内容个性化来创造用户价值这一观点已得到共识，但人们对智能互联产品内容个性化的构成维度等问题还不甚明晰。另外，其他领域的内容个性化研究文献虽然不少，一些具体的内容个性化操作与用户价值之间的相关关系也得到了验证，但总体上缺乏对内容个性化理论的系统性研究，内容个性化对用户价值影响作用机制的总体模型有待构建和验证。基于此，本书通过相关管理学和经济学的理论与方法，探究智能互联产品内容个性化对用户价值的影响关系及其作用机理。

具体而言，本书将针对企业智能互联产品内容个性化设计中存在的问题以及借鉴前人研究结果，从用户体验的视角出发，围绕“智能互联产品制造企业如何通过内容个性化来影响用户价值”这一主要问题展开，主要研究内容如下：

（1）什么是内容个性化？智能互联产品内容个性化的构成维度是什么？该问题的解决要基于以往理论文献的分析，对于内容个性化的内涵，主要借鉴Kramer（2000）、Perugini（2003）以及Talia等（2010）学者所提出的内容个性化概念和内涵研究成果。对于智能互联产品内容个性化的构成维度，则借鉴Jeevan和Padhip（2006）、Tam等（2006）提出的图书馆和网页内容个性化理论模型以及Veloso（2015）和Deldjoo等（2016）提出的个性化内容推荐和用户生成内容模型等成果。本书将智能互联产品内容分为元数据类内容和信息类内容两种，并从企业引导和用户自发两个维度进行分析，通过理论推演、访谈和案例研究进一步细分出内容个性化的构成维度。

（2）智能互联产品内容个性化会对用户价值产生什么影响？尽管Goldstein（2008）、么媛媛（2014）、Noor的（2011）和程丽娟（2016）等都直接或间接地指出了内容呈现、内容推荐或用户生成内容有助于创造用户价值（体现在提升用户的品牌态度和用户忠诚度上），但以上成果都是通过理论演绎或轶事性研究得出，并且只讨论了内容个性化的某个方面与用户价值之间的影响作用，目前还没有学者以智能互联产品为对象，在大范围实证调研的基础上系统性地对内容个性化与用户价值的关系进行验证。本部分将在前人研究的基础上，尝试对智能互联产品内容个性化的构成维度进行解构，设计出相应的测度指标，通过探索性案例分析和大规模问卷调研两种途径研究内容个性化对智能互联产品用户价值的影响。

（3）智能互联产品的内容个性化如何影响用户价值？本部分试图揭开智能互联产品内容个性化对用户价值的影响作用机理这个黑匣子，回答内容个性化如何创造用户价值的问题。解释内容个性化如何对用户体验产生作用，从而影响用户价值；揭示内容个性化的各构成维度如何与用户体验相互作用，共同提升用户对产品的综合体验，最后创造出用户价值。本部分将结合智能互联产品的特征对用户体验进行解构，深入分析每个内容个性化构成维度对各用户体验维度的影响，寻找内容个性化与用户体验及用户价值之间的相互作用关系。

二、研究意义

本书引入用户体验作为中介变量，探讨智能互联产品内容个性化、用户体验和用户价值之间的影响关系及其作用机理，理论意义和实践意义分别如下：

（一）理论意义

首先，对智能互联产品内容个性化问题进行研究，有助于更好地厘清智能互联产品的内涵，为智能互联产品理论的进一步研究奠定基础。智能互联产品研究现状是不同学者从各自视角出发，提出了“Intelligent Products”“Smart Products”“智能硬件”“Smart Connected Products”等多个概念，这给人们带来了很多困扰，到底什么样的产品才是智能互联产品呢？智能互联产品内容个性化问题的研究，有助于从内容个性化视角来揭示智能互联产品的基本特征，更好地对智能互联产品的概念和内涵进行界定。

其次，对内容个性化的结构维度进行研究，有助于丰富和完善内容个性化理论。目前内容个性化的理论研究主要聚焦于操作层面，如内容推荐、内容检索和用户生成内容等个性化操作。本书将现有内容个性化操作研究成果集成起来，再分解成为内容个性化构成维度，探索这些维度与用户价值的影响作用关系，不仅有助于丰富和完善内容个性化理论，也有助于将内容个性化研究从操作层面上升到理论层面，为智能互联产品内容个性化的系统性研究奠定分析基础。

最后，以用户体验为切入点来研究内容个性化与用户价值之间的影响关系，对智能互联产品用户体验的构成维度进行分解，探讨内容个性化的各个构成维度对用户体验各构成维度的影响作用，可以更好地揭示智能互联产品内容个性化与用户价值的影响关系及其作用机理，也为未来智能互联产品与用户体验交叉领域的理论研究奠定基础。

（二）实践意义

一方面，未明晰内容个性化的具体内涵，是当前我国智能互联产品制造企业产品开发存在的最大问题，企业不知道如何进行内容个性化设计，所以只能生搬

硬套或直接抄袭；有企业甚至认为，将互联网模块移植到产品上，再添加上几个App，便是智能互联产品。这导致了企业所开发的产品是一种伪智能互联产品，不但不能创造用户价值，反而透支用户对企业的信任。本书对智能互联产品内容个性化的内涵及其构成维度进行研究，有助于企业更好地了解内容个性化的内涵和特征，为企业产品内容个性化的开发和设计提供理论指导。

另一方面，本书揭示了智能互联产品内容个性化对用户价值的影响关系及其作用机理，有助于企业认清智能互联产品用户价值的来源及其关键影响因素，更好地结合企业自身特点，有针对性地进行智能互联产品开发，从而避免陷入“硬件雷同、内容抄袭”的困境。这也为我国智能互联产品制造企业摆脱“低价格、低附加值”的低端锁定效应提供了可操作性的指导，对于提高我国智能互联产品制造企业的整体竞争力也有一定的实践指导意义。

第三节 相关概念界定

一、智能互联产品

本书在 McFarlane（2008）、Rijsdijk（2009）、Sallez（2010）和 Porter（2015）等学者的研究的基础上对智能互联产品进行概念界定。

所谓智能互联产品，指的是可供企业生产经营或用户日常消费使用的智能产品，其智能是通过嵌入智能物件（如微处理器、传感器等）、智能操作系统或软件来实现的；智能互联产品具有物理组件、智能组件和互联组件三个核心要素。因此，除了传统产品硬件所具有的物理功能外，智能互联产品应该能够在产品使用和消费过程中，通过网络连接或是物联网络，主动获取产品生命周期的相关信息和数据，具备信息和数据的分析、归纳和演绎推理能力。

二、内容个性化

本书在 Kramer（2000）、Perugini（2003）、Jeevan（2006）和 Talia（2010）等学者的研究的基础上对内容个性化进行概念界定。

所谓内容个性化，指的是用户在智能互联产品使用过程中适时获得自己需要的个性化内容，内容个性化可通过企业引导或用户自发两个途径来实现：前者取决于企业对用户需求信息的掌握情况，企业通过系统观察和跟踪用户内容消费行为及信息，可以更加熟悉用户信息消费使用习惯，进而准确地预测用户未来的内容操作行为和内容消费偏好并将之呈现给用户；后者则需要用户利用企业所提供的软件或个性化内容平台，自行搜索、编辑和制作自己需要的内容。

三、用户体验

本书采用 Pine Ⅱ 和 Gilmore（1998）、Schmitt（1999）、Tullis 和 Albert（2008）以及罗仕鉴等（2010）学者的观点，认为用户体验是用户在使用智能互联产品或者享受内容服务过程中获得的各种感受，包含人与产品，以及产品提供的服务交互过程中的所有方面。

本书借鉴 Schmitt（1999）、智力和贾敏（2011）、金海（2012）以及李建伟等（2012）的研究成果，将智能互联产品的用户体验划分为感官体验、交互体验和功能体验三个维度：感官体验是智能互联产品带给用户的感官感受，包括视觉、听觉和触觉等方面；交互体验是在操作、使用和浏览过程中，智能互联产品呈现给用户心理和情感方面的体验，强调友好性和吸引性；功能体验则是用户对智能互联产品功能的直接感受。

四、用户价值

本书采用 Gale（1994）和 Zaithaml 等（1988）学者的观点，认为用户价值即用户感知价值，用户感知价值就是用户所能感知到的利益与其在获取产品或服务时所付出的成本进行权衡后对产品或服务效用的总体评价。

本书借鉴陈明亮和李怀祖（2001）、Stahl 和 Matzler（20063）、权明富（2004）、陈通和喻银军（2006）等学者的观点，认为用户价值可分为当前价值和未来价值（潜在价值）两部分：当前价值是用户为公司创造的利润现值，未来价值是指公司可能从用户处获得的未来收益。智能互联产品的特点是能够在产品使用过程中向用户提供各种内容个性化服务，内容个性化需求的满足程度将会对用户满意度、忠诚度及产品使用意愿等产生影响。因此，本书所探讨的内容个性化对用户价值的影响，主要指的是用户的未来价值。

第四节 研究内容与方法

一、研究内容

本书的主要研究内容有四个方面：

（1）智能互联产品内容个性化的构成维度研究。对现有智能互联产品理论和内容个性化理论进行梳理，将智能互联产品的内容个性化分解为企业引导的内容个性化和用户自发的内容个性化两个方面，进一步分解为内容优化、内容推荐、内容定制和内容扩展四个维度，编制各维度的测量量表并进行验证。

（2）智能互联产品内容个性化对用户价值影响关系的理论概念模型。综合文献分析和探索性案例研究成果，构建智能互联产品内容个性化对用户价值影响关系的理论概念模型，提出相关的理论研究假设，为后续实证分析奠定基础。

（3）用户体验的中介效应验证。根据本研究所提出的理论概念模型，建立结构方程模型，借鉴 Baron（1986）等学者关于中介变量验证的研究方法，对用户体验在智能互联产品内容个性化与用户价值之间的中介作用进行验证。

（4）为我国智能互联产品制造企业的产品开发实践提出相关建议。根据实证研究结果，为我国制造企业智能互联产品开发提出建议，包括如何进行内容个性化设计，如何围绕用户体验进行产品开发等。

二、研究方法

综合运用了智能互联产品和内容个性化研究领域的前沿理论，结合我国典型智能互联产品制造企业产品开发的经验和教训，探讨了智能互联产品内容个性化与用户价值之间的影响关系及其作用机理。本研究成果是对智能互联产品理论和内容个性化理论的有益拓展及补充。为提高研究的科学性和客观性，本研究采用了以下研究方法：

（1）文献分析法。本书围绕“智能互联产品内容个性化、用户体验与用户价值之间的影响关系”这一主题展开研究，涉及的理论包括智能互联产品、内容个性化、用户价值以及用户体验等，通过对这些研究领域前沿文献的梳理分析，初步形成内容个性化用户体验和用户价值之间影响关系的概念模型，构建初步的理论构思，为探索性案例研究奠定基础。

（2）探索性案例研究方法。探索性案例研究适用于开发新的研究视角，进而给出相关的研究假设。虽然目前已有学者对内容推荐、用户生成内容等个性化操作与用户价值之间的作用关系进行了研究，但尚未有人从集成角度探讨内容个性化与用户价值之间的影响关系。这种关系能否成立？内容推荐、用户生成内容等与内容个性化之间有何关系？这是本书构建研究模型之前必须解答的。为此，探索性案例分析为本书提供了有效的先验工具，通过典型智能互联产品的案例分析和对比，有助于对智能互联产品的内容个性化有更直观的了解，对内容个性化构成维度的提出和影响关系机理模型的构建也提供了强有力的证据。

（3）问卷调查与统计分析。本书的研究假设需要通过实证分析来进行检验，这需要采用问卷调查法来收集相关的数据，然后通过 SPSS21.0 和 AMOS 20.0 软件工具进行相关统计分析。问卷调查分为小样本预测试和大样本正式调查两个环节，小样本预测试的目的是提高相关研究变量测度的有效性，大样本正式调查则为模型验证提供数据。对大样本正式调查收集到的数据进行统计分析，主要方法包括描述性统计分析、信度分析、验证性因子分析、相关性分析、多重共线分析、同源误差分析以及结构方程模型分析等。

第五节　技术路线与结构安排

一、研究技术路线

本书的技术路线如图 1－1 所示。本书以智能互联产品内容个性化为研究对象，以用户价值为导向，从用户体验视角，逐层深入剖析内容个性化对用户价值的影响关系及其作用机理。

围绕研究主题，对前人研究成果进行分析和梳理，提出“内容个性化→用户体验→用户价值”的基本构想，结合现实访谈以及对我国移动智能手机、智能手表、智能电视和智能汽车的典型产品案例分析研究结果，推导出内容个性化、用户体验和用户价值的初始研究命题。在此基础上，提出智能互联产品内容个性化的概念及其构成维度，对各个维度的概念进行界定和说明，结合前人研究理论，构建内容个性化与用户价值关系的概念模型。

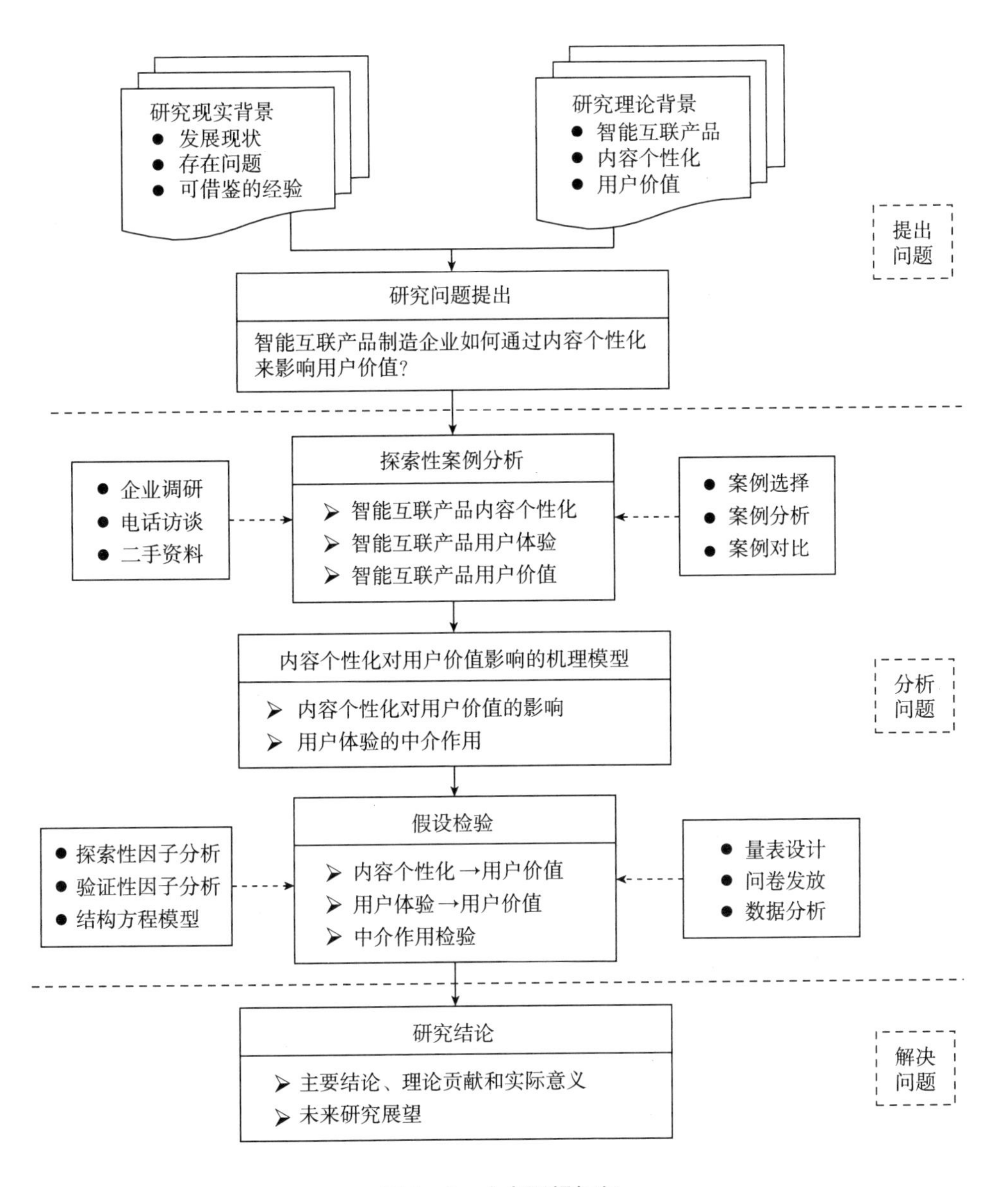

图 1－1　本书逻辑框架

根据本书所构建的理论假设模型，采用文献分析和面对面访谈相结合的方法，编制本书假设模型所涉及的所有变量的测量量表；在此基础上编写调查问卷，进一步采用 SPSS21.0 和 AMOS 20.0 软件工具进行定量分析，验证理论假设，并对研究结果进行分析和总结。

二、本研究结构安排

依据上述的研究思路和技术路线逻辑安排，本书的总体结构分为七章，每章的主要研究内容如下：

第一章绪论：在对我国智能互联产品发展现状进行分析的基础上，提出当前存在的主要问题；结合国内外智能互联产品理论和内容个性化理论研究的最新进展，分析产生这些问题的深层次原因，即不了解什么样的产品才是真正的智能互联产品，对智能互联产品内容个性化的内涵及构成维度不甚明晰，缺乏内容个性化对用户价值影响作用的系统性研究等；基于用户体验视角，提出本书研究主题，确定本书研究的理论意义和实践意义；在对关键概念进行界定的基础上，明确研究的主要内容、方法及其技术路线。

第二章文献综述：对国内外现有的智能互联产品、内容个性化、用户体验和用户价值研究文献进行梳理，通过智能互联产品理论研究的回顾，确定内容个性化是智能互联产品制造企业创造用户价值的主要途径之一；通过对内容个性化理论研究的综述，指出智能互联产品内容个性化的两条路径——企业引导的内容个性化和用户自发的内容个性化；通过对用户价值理论进行综述，得出智能互联产品的用户价值即创新价值，属于用户未来价值范畴的结论；对用户体验理论进行回顾，结合智能互联产品、内容个性化和用户价值的研究成果，初步形成内容个性化、用户体验与用户价值之间影响关系的理论构思。

第三章探索性案例研究：基于绪论提出的研究问题和文献综述所找出的研究切入点，选择我国四家制造企业所生产的智能互联产品进行探索性案例研究，从实践角度探索内容个性化对用户价值的影响关系及其作用机制，经过理论假设、案例选择、数据收集与分析，推导出内容个性化、用户体验和用户价值影响关系的命题假设。

第四章理论模型与假设：根据第三章推导出的内容个性化、用户体验和用户价值影响关系命题假设，结合以往内容个性化与用户体验、内容个性化与用户价值、用户体验与用户价值之间影响关系研究的主要观点，构建智能互联产品内容个性化与用户价值影响关系的机理模型，从中提出细化的假设，提出相关假设。

第五章变量测量与小样本预试：根据第四章提出的理论研究模型，界定本研究的自变量、因变量和中介变量，结合前人研究的成熟量表，结合探索性案例研究成果，编制研究调查问卷，通过小规模样本发放、信度分析和效度分析，对调查问卷进行修正，形成可大规模发放调查的最终问卷。

第六章大样本调查与数据分析：进行大样本问卷调查，将收集到的数据进行描述性统计分析、信度分析、验证性因子分析、相关性分析、多重共线分析、同源误差分析以及结构方程模型分析，从实证研究角度对第四章所提出的概念模型进行检验与修正，进一步明确智能互联产品内容个性化对于用户价值的影响关系及其作用机理。

第七章研究结论与展望：对实证研究结论进行分析，指出本书研究的主要理论贡献，探讨研究结论对智能互联产品制造企业的启示作用；进一步从样本收集、研究对象、研究模型和变量测度等方面指出本研究研究的局限性，从而指出未来的研究方向。

第二章　文献综述

第一节　智能互联产品研究

一、理论演进及概念发展

按照心理学的释义，从感觉到记忆到思维这一过程，称为“智慧”，智慧的结果就产生了行为和语言，将行为和语言的表达过程称为“能力”，两者合称“智能”，将感觉、记忆、回忆、思维、语言和行为的整个过程称为智能过程，它是智力和能力的表现。人们对智能互联产品的最早认识是建立在对消费产品的更高期望上的，如 Robertson（1992）认为，能够与用户进行交互的产品就是智能互联产品。在他看来，用户在产品操作过程中将指令传达给机器，机器能够给予用户回应，这样的机器设备就是智能互联产品。Alan（1992）则从产品使用的角度出发，认为操作方便和容易使用的产品就是智能互联产品，他针对当时设计复杂、操作繁琐的产品，指出企业把产品设计得那么复杂，其目的是制造噱头，获得更多卖点，向用户多收费。真正的智能产品应该是简单易用的，消费产品的“智能”体现在防差错、易上手和能帮助用户（如果用户没有足够能力时，能够帮助用户达成目标）上，“智能互联”的目的是让产品变成“傻瓜型”产品，用户无须拥有专业技能，也可以对其进行操作和使用（Harold T，1992）。Bradley（1992）进一步指出，这样的智能互联产品应该是由电子、机械和软件等高度集成而形成的机电一体化产品。Buurman（1997）则直接认为，微电子产品就是智能互联产品，如 CD 机、微波炉、视频录像机等。

不难发现，这一阶段学者对智能互联产品的认识要受到人类技术发展水平的限制，在人工智能水平相对还比较低下的20世纪末期，人们对智能互联产品的追求就是易用性和可用性，还没有达到现代的“智能”范畴。相对而言，仅有Tompson于1996年提出了类似于现代智能互联产品的概念，认为智能互联产品就是能根据不同情境、需求及过去的经验来改变自己行为的设备或机器。在他看来，智能化的产品必须能够进行自我思考，虽然不能像人脑一样自主决策，但至少能根据以往的信息和经验自主做出一些简单的决策；只有能够自我思考的产品，才能称得上智能互联产品。可见，Tompson对智能互联产品的认识已经接近现代的智能互联产品了。

自Tompson之后，智能互联产品的理论研究在较长时间未获得进展，直至互联网和电子技术发展较为成熟之后才重新进入学者们的视线。这一阶段最具代表性的观点来自McFarlane（2008），他认为智能互联产品就是装备有自动识别系统和一些先进材料，具备监控、评估现状和预测未来，并在必要时能够自控制的产品。随后，许多学者相继提出了智能物件（Intelligent Object）、智能体（Agent）和主动型产品（Active Product）等相关智能互联产品的概念，其具体内涵如表2-1所示。

表2-1 智能互联产品相关概念及其内涵辨析

内涵	作者
由电子、机械和软件等高度集成而形成的机电一体化产品	Bradley（1992）
能够与用户交互的产品，智能体现在交互性上	Robertson（1992）
方便操作和容易使用的产品，智能体现在易用性上	Alan（1992）
能根据不同情境、需求及过去经验来改变自己行为的设备或机器	Tompson（1996）
智能产品就是那些微电子产品，如CD机、微波炉、视频录像机等	Buurman（1997）
等同于通信对象，能够连接和通信的物品即为智能物件	Kintzing（2002）
智能物件即装备了一种连接到自发网络的装置，从而可以在互联网上获得相关信息和服务的物品	Mattern（2003）
拥有界面（可能是产品的一部分，也可能分布于外部环境中），具有计算能力，能够感知用户（包括过去的一些感觉、当前和潜在的交互状态等）的产品	David（2008）
装备有自动识别系统和一些先进材料，而具备监控、评估现状和预测未来，并在必要时能够自控制的产品	McFarlane（2008）
智能要素和智能Agent的结合体，智能要素用来反应相关的产品实例，而智能Agent负责对决策响应和实现目标	Valckenaers（2008）

续表

内涵	作者
智能互联产品是那些由于嵌入IT技术（如微芯片、软件、传感器等），使其具有收集、处理和生产信息能力的产品，可描述为能够“思考”的产品	Rijsdijk（2009）
智能互联产品可以是一个实体，也可以是一种服务，可在其生命周期过程嵌入不同的“智能”环境中，通过采用情景感应、主动行为、人工智能规划、机器学习等手段和方法，获得产品与用户、产品与产品之间的交互	Sabou（2009）
主动型产品是能够主动识别环境并给予响应的产品，如处在产品制造阶段的主动型产品，可以根据车间制造情景自动生成制造工艺，并随之触发相关的制造或装配服务	Sallez（2010）
Intelligent products 和 smart products 可以换用，但 Intelligent 并非普适计算和智能环境的同义词，他更关心于用户如何与其环境交互，物联网是一个更贴近 Intelligent 的概念，但物联网更关注的是连接性和信息交换，而非产品的“智能”。智能互联产品是一种“主动”产品，具有自主适应环境和自决策的能力	Meyer GG（2011）
智能互联产品是由智能模块、互联模块和物理模块组成的产品。智能模块用于提升物理模块的能力和价值，互联模块则对智能模块的能力和价值具有放大作用，通过互联模块，用户可以连接到其他的智能互联产品	Porter（2015）

资料来源：笔者整理。

二、智能互联产品的特征

许多学者对智能互联产品的特征进行了研究，通过文献梳理，总结出以下的观点：

（1）自治性。产品能够在没有用户干扰的情况下，以一个相互独立和目标导向的方式工作（Rijsdijk，2009）；具有主动性和自主学习行为（McFarlane，2008）；拥有独立的身份或全球独立识别码（Wong，C. Y.，2002），能够长时间保持某个身份或状态，如自动割草机、机器人吸尘器等（Rijsdijk，2009）。

（2）适应性。产品具有增强产品功能与环境匹配的能力（Manvi，S. S.，2005），能够与环境进行有效交流；能根据经验来学习或改进（Noor，F.，2011）；能利用先验知识、现有模型和总目标等来规范抽象任务（Keyson，2008）；能促进产品系统的生产/进化或持续成长（Valencia，2015）；能够自动保留或存储数据（Wong，C. Y.，2002）；能够持续监测其运行状态或环境，如霍尼韦尔公司所开发的 Chronotherm Ⅳ温控器（Rijsdijk，2009）。

（3）反应性。产品能够响应外部环境变化的能力（Rijsdijk，2009）；对外部环境和运行条件的响应和适应，具有选择性的感知和行为能力（Keyson，2008）；能帮助用户根据使用情境的变化做出决策或行动（Valencia，2015）；在变化的环境中能始终保持一个最佳性能，即使是遭受意外亦是如此，如 Philips 公司研发的 Hydraproted 吹风机，能随着头发湿度的减少而降低吹风温度（Rijsdijk，2009）。

（4）交互性。包括产品用户与用户之间的交互、产品之间的交互以及产品与用户之间的交互（Keyson，2008）。产品具有与其他产品协作来完成一个目标的能力，如电脑与打印机之间的合作（Rijsdijk，2009）；产品能以一个自然的、人性化的方式与用户交流和交互（Sallez，2010），如产品导航系统的语音交互（Buurman，1997）；能促进用户之间的交流（Valencia，2015）；能通过产品－服务系统来共享经验；增进用户与服务供应商之间的互动关系（Gutierrez，2013）；在特定生命周期阶段可以与其产品支持系统进行交互，必要情况下还可以与其他智能互联产品、用户或信息系统交互（Keyson，2008）。

（5）人格化。产品所展示出来的可信特征（如情感）的能力（Rijsdijk，2009；Keyson，2008）；拥有一种语言，可以自行描述产品特征和生产需求，能够主动参与到利益相关的决策中去（Wong，C. Y.，2002）；能够主动与用户、环境或其他产品和系统进行交流，如 Furby 和 Sony 的 AIBO 玩偶，这些玩偶可以表达情感和展示出某种情绪状态（Rijsdijk，2009）。

（6）个性化。通过把用户当作一个独立个体看待，使用户感到被重视（Valencia，2015）；产品具有多个功能以供用户选择，用户可以根据外部环境和应用条件来调整产品运行模式（Rijsdijk，2009）；能够对所收集的状态数据或信息进行分析处理，进而给用户提出决策建议（Valencia，2015）。

三、智能互联产品模型

（一）智能互联产品概念模型

Valckenaers 等（2009）提出了基于 Agent 的智能互联产品概念模型，认为在合弄环境下，智能互联产品由 Agent、智能要素和产品实体三部分构成：①Agent。执行所有的决策任务，但需要通过智能要素来访问产品实体。②智能要素，是一个软件组件，用户可以通过智能要素将指令传达给外部智能 Agent。③产品实体。产品实体是智能的承载体，按照 Valckenaers 的观点，产品实体是产品的硬件，智能要素类似于操作系统方面的或软件，而 Agent 则是外部的数据库、决策系统或专家系统。

（二）智能互联产品结构模型

Yang 等（2009）提出了面向产品相关服务的智能互联产品模型，他们认为，企业产品生命周期数据包括静态数据和动态数据两类，静态数据是与产品规格相关的数据，该数据在产品生命周期开始阶段生成，在整个生命周期基本上不会改变。通常静态数据包括 BOMs、组件和供应商，配置选项、操作说明、有害物质、物料内容、拆卸属性（如顺序和工具）和回收信息等。动态数据发生在配送、使用和报废阶段，包括配送信息、使用模式、环境条件（状况）和服务行为等。对企业而言，动态数据是很有用的资产，企业可以通过收集产品使用数据，向用户提供有价值的服务（如远程诊断、远程控制等）。

进一步，Yang 等（2009）构建了包含有智能数据单元、服务引擎和通信支持基础设施三个基本要素的智能互联产品模型。智能数据单元用于获取产品实时信息，由存储器、控制器和传感器三个组件构成，智能数据单元可以成为产品的构成模块，也可以作为一个独立模块存在于产品外部；服务引擎可以是专家系统，也可以是 Agent，智能互联产品的各种信息、知识和智能服务就是通过它来提供；通信支持基础设施是连接外部互联网或物联网的网络构件，产品的各种信息、数据和服务内容均可以通过通信支持基础设施进行传递和交换。

（三）智能互联产品发展模型

Kiritsis（2011）指出，产品智能化的基本路径是在产品内部嵌入各种智能模块或软件。根据嵌入对象的不同，产品呈现出不同的智能水平：最低智能水平的产品没有嵌入任何模块或软件，无法与环境交互，严格意义上还属于传统产品的范畴；较之智能些的产品则嵌入了传感器，于是能够与环境进行一些基本交互，例如嵌入恒温器的恒温冰箱，能够自动感知环境温度而调整内部温度；更高等级的智能产品则嵌入了各种具有存储和处理数据能力的模块，使得产品具有高度的自适应能力，例如，装载有自动导航系统的汽车能够提供陌生城市的各种路况信息；最高级的智能产品则嵌入了无线射频识别（RFID）、无线传感网络（NFC）等高级信息模块或软件，使得产品具备了各种信息识别和交流能力。

Porter 等（2015）认为智能互联产品可沿着“监测—控制—优化—自治”的路径发展。监测是智能互联产品发展的第一个阶段，通过监测，产品的位置、动向、使用状况和使用环境等变得可视化；第二个阶段是控制，能通过嵌入软件令产品变成双向控制，如通过手机或平板电脑来控制产品；第三个阶段是优化，如果一个产品达到了监测和控制水平，便可通过添加算法来优化其操作和性能；最高级别的智能是自治，即能够自控制、自决策的产品。

Meyer，G. G. 和 Wortmann（2011）开发了三维智能互联产品发展模型，他们认为，智能互联产品有三个发展维度。第一个发展维度是智能水平，从低到高分为信息处理、预警和自主决策三个级别。信息处理级的智能互联产品能够管理通过传感器、RFID 和其他设备提供的各种信息；相对智能的产品能够在问题出现时及时通知自己的用户；最智能的产品能够自主决策，即便是用户没有发出指令，也能够自主应对各种意外情况。第二个发展维度智能位置，包括基于网络的智能和基于对象的智能两种。前者依赖于外部的智能软件来实现智能，后者通过自身嵌入的智能模块或软件来实现智能。第三个发展维度智能聚集程度，分为智能物件和智能集合体两种。智能物件仅能管理和处理自身信息和数据，智能集合体不仅能管理和处理自身信息数据，还能感应其他智能物件的信息和数据。如果智能集合体被分拆或是组件被移动或重置，其组件仍旧可以为成为智能物件和智能集合体。

对于该发展模型，Leitão 等（2015）进行了不同解读，他把“智能水平”维度分为“被动”（合作对象仅能收集和存储信息）、“主动”（合作对象可以收集、存储、处理和检索信息，甚至是创造新知识）和“智能”（合作对象能够在收集和存储的信息基础上进行思考，并参与决策）；把“智能位置”分为“嵌入式”（智能在物理产品本身实现）和“远程”（智能在物理产品外部实现）；把“智能聚集程度”分为“产品本身”和“感应组件”两种。

四、智能互联产品的应用

（一）企业生产制造领域

Kowatsch 等（2008）提出基于 Agent 的分布式生产控制框架，目的是在动态和敏捷的制造环境下制造出复杂高定制化的产品，智能互联是实现准时化供应、排序和生产的支撑技术。同样的，Borangiu 等（2010）开发了一种开放式的控制方式对离散、重复性车间生产进行控制，智能互联产品以主动合弄实体的形式出现，用来实时监测工厂，寻找能够相应的空闲制造资源。Berger 等（2009）提出了柔性制造系统下的一个智能互联产品动态路径选择解决方案，在该方式下，智能互联产品具备了路径选择决策能力以及传递系统动态信息的能力。Meyer，G. G.（2011）研究了智能互联产品在分散化生产检测和控制上的应用，希望能够提高整体计划实施的鲁棒性，智能互联产品可以用来监控和跟踪产品生产进程，在发生意外时能够实时推送降低风险的解决方案。Park 和 Tran（2010）研究了智能互联产品在制造领域上的其他应用，他们基于生物工程原理，将智能互联产品看作基因嵌入机器设备中，通过给机器组件安装传感器，让机器设备“感知”到自己的组件。

（二）供应链管理

在供应链情境下，学者们考虑的是如何利用智能互联产品的信息收集、状态监测等特征来提升供应效率。e - FREIGHT 和 EURIDICE 项目组织开发出智能货仓，将供应信息流和各个货仓链接起来，令用户感应到物流位置和货仓状态。其他的欧洲项目，如 INTEGRITY，SMART - CM 和 ADVANCE，则聚焦于研发智能化系统来俘获产品传输中的实时数据，如安全、海关管理和供应计划等。

在智能货仓研究的基础上，Hribernik 等（2010）提出了基于 Agent 的自主合作物流管理方法，Agent 用来连接信息和物料流，并对物流在物联网中的传递状况进行监控。Woo SH 等（2009）研究了一种主动式智能互联产品架构，能够通过传感器使能网络追踪物流对象的位置和状态，即便是产品封装在盒子、货架或容器时亦可追踪到。在该架构下，物流对象的位置和状态得到即时化监控，若产品关联约束被破坏，异常处理措施就会自动触发。Siror 等（2010）则研究了智能互联产品在海关管理中的应用，他们采用 RFID 和智能互联产品来在线自动检测货仓和货物，检测异常则即时生成反馈信息。

（三）产品生命周期管理

Seitz 等（2010）构建了一个能够生成和访问产品存储的智能互联产品架构，该架构能够自主决定保留哪些数据。Yang 等（2009）也提出了类似的方案，他们通过在产品上嵌入智能数据单元来自动获取生命周期数据，智能数据单元是一个硬件设备，由传感器、控制器和数据通信平台构成。聚焦于产品生命周期开始阶段，Hribernik 等（2010）建议在产品组件生产的同时生成独立的 ID，使产品组件和虚拟制造网络中的实体相映射；将 RFID 集成到组件上，即可在制造、装配和配送过程中实时监控。Ilgin，M. A. 和 Gupta，S. M.（2011）研究了智能互联产品在产品报废阶段的应用，通过植入传感器，可以在报废阶段获得产品各组件的实时状态数据，方便产品拆卸和回收利用。

五、对本书的启示

通过对智能互联产品理论研究文献的梳理，可得到如下启示：

首先，智能互联产品的出现与信息技术的进步密不可分，智能互联产品从一开始就贴上“信息化”和“电子化”的标签。从智能互联产品特征的现有研究中也可以看出，无论是自治性、适应性和反应性特征，还是交互性、人格化和个性化特征，都建立在电子信息收集、分析和处理的基础上。智能互联产品智能水平发展模型的研究亦是如此，无论是 Meyer，G. G.（2011）提出的信息处理、预警和自主决策三个智能发展水平，还是 Porter（2015）提出的“监测→控制→优化→自治”的发展路径，本质上都是产品信息处理水平的提升。

其次，“内容”是智能互联产品与传统功能性产品的主要区别之一。按照 Ferretti（2008）的观点，内容是包含在产品和服务内部的信息，Benoit 等（2009）进一步指出，内容包括信息类内容和元数据类内容，元数据是内容自身的典型参数或结构化数据，也就是“构成内容的内容”。依此看来，智能互联产品的智能应该体现在内容管理方面的智能上，因为传统功能性产品也有内容，如传统电视所提供的电视内容等。但传统电视由于缺少互联模块和智能模块，其内容无法自由的收集、存储、传输和分享。

最后，智能互联产品的内容应当是个性化的。对于用户而言，选择智能互联产品而非功能性产品，是因为智能互联产品能够提供个性化的内容方案，从而降低用户的学习成本、打发碎片时间和解决实际工作问题。无论信息处理、预警和自主决策，还是监测、控制、优化和自治，都是为了更好为用户提供信息内容服务。随着产品使用环境变化，每个用户遇到的问题和场景都不相同，智能互联产品的适应性特征就是要满足不同用户的内容个性化需求。

因此，本书认为，用户对智能互联产品最基本的需求是内容个性化，这是创造用户价值的关键因素。企业的研发工作应该围绕着为用户提供更合适、更智能的内容个性化方案展开。

第二节 用户价值理论研究

一、用户价值理论的演进

最早对用户价值问题进行研究的是 Drucker，他认为用户购买和消费的并非产品而是价值，具体而言价值包括感情、智力、精神和生理四个层面。在他看来，一切的消费活动都是以价值为基础的。随后，Porter（1985）指出，企业的竞争优势来自企业为用户所创造的价值超越了其竞争对手所创造的价值。

Drucker 和 Porter 虽未明确提出用户价值这一概念，但其研究内涵就是用户价值。首先明确提出用户价值概念的是 Zaithaml（1988），他认为用户价值是由用户创造，用户所感知到的产品或服务价值就是用户价值，而用户感知价值是在对感知到的利益和所付出的成本进行综合权衡之后，用户对产品或服务效用所做的总体评价。随后，国内外众多学者进入了这一研究领域。

（一）用户价值理论演化模型

Gale（1994）提出用户价值理论演化模型（见图 2－1），他认为，用户价值源自用户对产品质量的满意，满意则产生忠诚，忠诚会创造价值。在他看来，用户价值是用户相对于产品价格所获得到的感知质量。Gale 认为，用户价值其实是一种质量，如果质量不能够与价格相联系，那么质量就没有存在意义。因为若没有价格方面的约束，所有用户都想获得尽可能高质量的产品和服务，在价格约束下用户才会有所取舍。

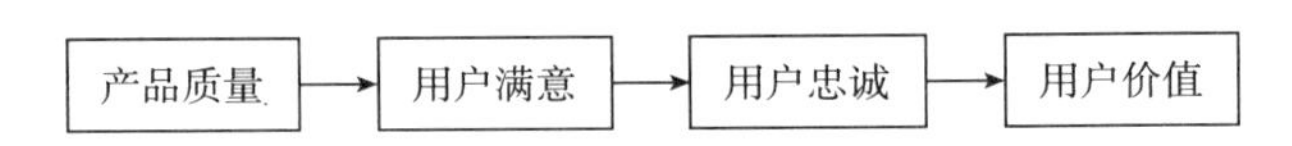

图 2－1　Gale 的用户价值演化模型

（二）用户感知价值理论

最早提出用户感知价值理论的是 Porter，而 Zaithaml 则将该理论进行扩展。Porter 认为，用户感知价值是用户感知绩效与用户支付成本之间的权衡，但在如何获得用户感知价值方面，他并未做深入探讨。Zaithaml 在 Porter 的基础上展开研究，他认为用户价值等同于用户感知价值，用户价值是由用户所创造出来的。Zaithaml 对用户感知价值的含义进行了详细分析，主要体现在四个方面：首先，价值的外在形式是价格，许多用户把价值直接视为价格，这表明对用户来说所付出的货币是其对价值最重要、直接的感受；其次，价值是用户希望通过产品或服务获得的东西，这与经济学的效用内涵相似；再次，价值是用户花钱所买到的质量，这明显受到 Gale 用户价值理论演化模型的影响；最后，价值是用户所投入的所有付出换取到的所有收益。

Zaithaml 将用户的四种价值表现进行整合，并对用户感知价值进行界定：用户感知价值是在对感知到的利益和所付出的成本进行综合权衡之后，用户对产品或服务效用所做的总体评价。Zaithaml 的用户感知价值概念有两重含义：一是价值是因人而异，相同的产品或服务不同的用户所感知到的价值是不等的，价值是用户收益与成本之间的权衡，用户的购买决策依赖于自己的价值感知，而非取决

于某一个方面的因素；二是揭示了用户感知价值的实现途径，即要么是增加用户感知利益，要么减少用户感知付出。

（三）用户价值认知理论

Woodruff（1997）的用户价值认知理论也极具代表性，他认为用户价值是在一定的使用场景下，用户对产品的属性、功效和使用效果达成情况认知的前提下所形成的偏好和评价。由此可以看出，Woodruff 与前人的区别在于他将用户价值视为一个由产品属性、产品功效和核心价值三个层次组成的立体结构，而前人的研究更多的将用户价值视作同一平面上不同要素的比较。

进一步，Woodruff 认为，该立体结构是一个“目的——手段链”模型。如果自下而上观察的话，属性是获得功效的手段，功效是为获得核心价值，反之亦然。同时，他认为用户是通过用户满意而感知到价值的。因为从立体结构的底部看起，首先，用户将产品视为一系列属性集合，这也构成了用户产品或服务评价的基础；其次，用户会对产品或服务属性功效进行评价；最后，顾客还会在属性和功效之上，提炼出一些抽象的核心价值，例如社会地位、受人尊重等。

（四）用户让渡价值理论

用户让渡价值理论由 Kotler（2003）提出，他认为，用户让渡价值是总用户价值与总用户成本之间的差额。总用户价值是用户购买产品和服务后获得的全部利益，如果进一步细分的话，它包含了产品、服务、形象和人员等多方面的价值因素。总用户成本是用户购买产品和服务的所有耗费，包括时间、精神和货币等方面的耗费。用户在进行购买决策时，会对不同产品的成本及其价值进行比较，从中选择用户让渡价值最大的产品或服务。

根据用户让渡价值理论，企业要在激烈的市场竞争中战胜对手，吸引更多的潜在用户，就必须在用户让渡价值方面占据优势，也就是要向用户提供比竞争对手具有更多让渡价值的产品和服务，才能吸引用户的目光，转而选择本企业的产品和服务。为了达到这一目的，Kotler 进一步给出了企业的改进策略：提高产品的总价值或降低货币与非货币成本。前者可以通过改进产品、服务、人员与形象等实现，后者则通过降低生产运营成本，减少用户购买产品付出的代价实现。

二、用户价值的内涵

用户价值理论演化模型、用户让渡价值理论、用户感知价值理论和用户价值认知理论的提出为用户价值内涵研究奠定了理论基础，国内外众多学者都在此基础上提出自己的观点和看法。例如，Ulaga（2001）认为，可以从三个不同视角来理解用户价值：第一个视角站在用户角度，此时用户价值表现为让渡价值或感知价值，它是用户所感知到的企业产品和服务所带来的价值；第二个视角站在企业角度，这是真正意义上的用户价值，体现在用户能够给企业带来的直接价值收益；第三个视角则是站在用户与企业交互的角度，此时用户价值是双方由于合作所带来的价值。在国内，陈明亮和李怀祖（2001）认为产品全生命周期内用户所创造的利润就是用户价值。杨龙和王永贵（2002）从感知利失和感知利得两方面来界定用户价值，前者可以理解为用户的购买成本，即用户在产品或服务购买和使用过程中所支付的价格、花费的时间精力和发生的运输费用、维护修理成本等；后者是用户在这一过程得到的产品物理属性、服务属性和技术支持。除此之外，权明富等（2004）、孟庆良等（2004）、张存芬和李发林（2010）等分别进行了研究。总体而言，用户价值的内涵研究的主要观点如表2－2所示。

表2－2　用户价值内涵的主要研究成果

内涵	作者
用户价值是用户所能够感知到的产品或服务价值，用户感知价值是在对感知到的利益和所付出的成本进行综合权衡之后，用户对产品或服务效用所做的总体评价	Zaithaml（1988）
用户价值即企业从用户那里获得的利润，是用户支付价格与企业总成本之间的差额	Shapiro 和 Sviokla（1993）
用户价值是用户相对于产品价格所获得到的市场感知质量	Gale（1994）
在一定的使用场景下，用户对产品的属性、功效和使用效果达成情况认知的前提下所形成的偏好和评价	Woodruff（1997）
用户视角的用户价值为用户感知价值或用户让渡价值，它是用户所感知到的企业产品和服务所带来的价值；企业视角的用户价值即用户价值，它是用户给企业带来的直接价值收益；用户与企业交互角度的用户价值是双方由于合作所带来的价值	Ulaga（2001）
用户价值即让渡价值，用户让渡价值＝总用户价值－总用户成本	科特勒（2003）
产品全生命周期内用户所创造的利润就是用户价值，用户价值＝当前价值＋潜在价值	陈明亮和李怀祖（2001）
从感知利失和感知利得来界定用户价值，前者可以理解为用户的购买成本，即用户在产品或服务购买和使用过程中所支付的价格、花费的时间精力和发生的运输费用、维护修理成本等；后者是用户在这一过程得到的产品物理属性、服务属性和技术支持	杨龙、王永贵（2002）

续表

内涵	作者
用户价值包括用户角度的用户价值和企业角度的用户价值。前者是因企业介入用户的活动过程中而为用户所创造的收益；后者是用户为企业所创造的价值	于全辉和孟卫东（2004）
一定条件下，企业关键决策者所能够感知到的、来自用户的净现金流及其未来有可能实现的净现金流	权明富等（2004）
用户价值是用户从企业提供的某一特定产品或服务中所获得的总收益与用户为此所付出的总成本之差	孟庆良等（2004）
用户价值 = 用户感知总价值 - 用户感知总成本，即从用户的角度感知到的产品或服务的价值	张存芬和李发林（2010）

资料来源：笔者整理。

三、用户价值的测量

一些学者们考虑用户价值的测量问题。通过文献梳理，用户价值测量研究主要从两个方面展开：一方面，沿着用户感知价值的思路，从感知利益和感知成本两个维度去测量；另一方面，考虑了用户生命周期价值，将用户价值分为当前价值和未来价值（潜在价值）两大类。

（一）用户感知价值视角

Ulaga（2001）是用户感知价值理论研究的代表，他将用户价值分为三类：用户视角的用户价值、企业视角的用户价值和用户与企业交互角度的用户价值。进一步，将影响用户感知价值影响因素归纳为质量和价格两类，通过实际调查和现场访谈，确定出质量指标的子指标及其各自含义，并把所有指标都分解为产品、服务和促销三类。Ulaga 的研究只考虑了质量和价格两个价值构成因素，研究结论难免会存在局限性。

在国内，张明立和胡运权（2003）从用户感知利益所得和用户感知成本所失两个方面出发，认为用户价值包括产品因素、品牌因素、技术因素、知识因素和关系因素五个组成部分，这五个部分之间相互关联和相互影响。张大亮和马英俊（2006）认为，用户价值构成的影响因素包括环境、用户、产品和关系等四个方面，基于此构建了用户价值的构成要素体系，其中包括 12 个利得要素和 4 个利失要素。12 个利得要素包括与服务相关的适应能力、用户响应、可靠性及技术支持；与产品相关的产品质量、可选产品/方案及产品定制；与关系相关的形象和协作；与资源相关的可共享资源、影响力及人员价值。4个利失要素包括与货币成本相关的获取成本和使用成本、与非货币成本相关的时间成本和心理成本。章小初（2012）以移动商务用户为研究对象，认为用户价值包括感知收益方面的功能价值、情感价值和社会价值以及感知付出方面的货币付出、时间精力付出和精神付出。

（二）用户生命周期价值视角

更多的研究集中在用户生命周期价值视角。陈明亮和李怀祖（2001）认为，用户价值是用户的全生命周期利润，用户价值应当包括历史价值、当前价值和潜在价值三部分。历史价值是用户在过去的时间内为企业所创造的利润；当前价值是用户为公司创造的利润现值；潜在价值是公司有可能从用户处获得的未来收益。Mathwick等（2001）也持类似观点，他们认为，在对用户价值进行测量时，不能只分析货币收益层面的用户价值，这样会低估用户的收益性，用户生命周期价值应包括基础收益、成长收益、网络收益和学习收益等四个方面。

权明富等（2004）认为，管理用户价值是客户关系管理的基本思想，因此企业在测量用户价值时，不能只考虑用户当前的价值表现，还要依据对用户未来的潜在价值进行预测。用户当前价值所体现的是企业当前的盈利水平，构成企业感知用户价值的一个方面；用户潜在价值则会影响到企业的长期利益，也是影响企业能否继续投资于该用户关系的一个重要因素。因此，用户价值评价体系要从用户当前价值和潜在价值两方面进行设计。权明富等构建的用户价值评价指标如图2－2所示。

陈通和喻银军（2006）从用户价值和用户保持率两个方面来度量用户生命周期价值，认为用户价值等于历史价值、当前价值和潜在价值三部分之和，而用户保持率则是用户忠诚和重复购买的概率。在用户价值构成维度方面，他们和陈明亮和李怀祖（2001）的观点大体一致，不同之处在于他们认为用户潜在价值又可以分为变化价值、口碑价值和新服务价值三个方面：变化价值是现有用户在改变其购买行为模式，在将来有可能为企业创造的利润增量值；口碑价值是由于用户口碑效应而加入的新用户未来可能产生利润值；新服务价值是企业新发掘的利润增长点在未来创造的利润值。

夏永林（2007）认为，企业在评价用户价值时，不仅考虑该用户当前及未来的货币价值表现，还要考虑非货币价值方面的表现，特别是忠诚用户对其他消费群体的拉动作用所带来的创新价值。创新价值包含货币和非货币两部分，货币部

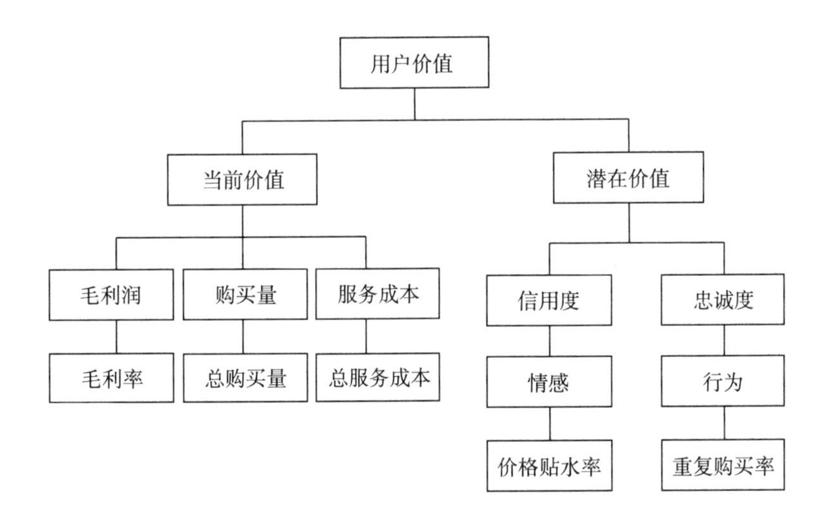

图 2-2　用户价值评价指标

分主要通过用户忠诚的行为来实现，用户忠诚的行为表现有重复购买、交叉购买和用户推荐（为公司推荐新的顾客）三种；创新价值非货币部分体现在信任价值、信用价值和品牌价值三个层面。夏永林的用户价值测量模型如图 2-3 所示。

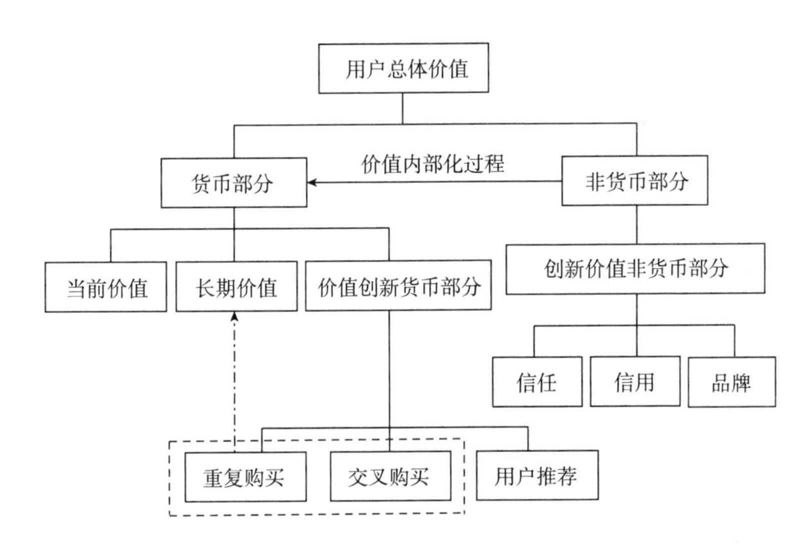

图 2-3　用户价值测量模型

四、对本书的启示

通过对用户价值理论研究文献的梳理，可得到如下启示：

（1）用户价值来源于用户，是企业的产品或服务满足用户需求之后，由用户所创造出来的。按照陈明亮和李怀祖（2001）、Mathwick 等（2001）、权明富（2004）、陈通和喻银军（2006）等学者的观点，用户价值可分为当前价值和未来价值（潜在价值）两部分。当前价值是用户为公司创造的利润现值，未来价值是指公司可能从用户处获得的未来收益。对于本书而言，智能互联产品的用户价值也包含有当前价值和未来价值，当前价值在产品交付到用户手中时已经实现。而智能互联产品的特点是可以在产品使用过程中给用户提供各种内容个性化的服务，内容个性化需求的满足程度会对用户的满意度、忠诚度和使用意愿产生影响。因此，本书所探讨的内容个性化对用户价值的影响，主要指的是用户的未来价值。

（2）用户价值的实现以及用户价值的大小都有赖于用户的感知和体验，用户体验是影响用户价值的主要因素。Gale（1994）认为，用户价值源于用户对产品质量的感知和体验，用户使用产品时体验到产品质量优异，会产生满意感，进而形成用户忠诚，最终创造用户价值。Zaithaml（1988）亦持类似观点，他直接提出了感知价值的概念，认为用户价值实际上是用户感知价值，提升用户价值可以通过增加顾客感知利益或减少顾客感知付出来实现。除此之外，Bourdeau 等（2002）、Boztepe（2007）、Bagchi 和 Cheema（2013）以及胡昌平（2004）等的研究也证明了这一点。

基于此，本书将智能互联产品用户价值界定为用户的未来价值，从用户满意度、忠诚度等方面进行测量；同时，引入用户体验作为中介变量，探讨智能互联产品内容个性化、用户体验和用户价值之间的影响关系。

第三节　内容个性化研究

一、内容个性化的内涵

内容是包含在产品和服务内部的信息，如文字标识、注释、新闻和图片等

（Ferretti，2008）。在传统技术环境下，内容高度依赖于其载体，必须依附一定载体才能传送。例如，文章内容的转移，要么是言传身教，要么是抄录；即便是随后出现了复印、传真、照相和扫描等方法，操作起来都比较麻烦，此时的内容难言个性化。数字技术和网络技术克服了内容传播的瓶颈，所有产品都可以数字化，这大大降低内容对具体载体的依赖程度，数字化的内容可通过网络在不同空间范围的不同载体间快捷地流传，为内容个性化的实现提供了便利条件。

早期研究集中在图书馆领域，例如，Tedd（1998）认为，图书馆内容个性化就是按照用户所表达的以及所观察到的个人用户需求来动态地选择和提供电子内容。随着互联网技术的发展，一些学者对网页的内容个性化产生了兴趣。例如，Kramer（2000）认为，对于网页而言，内容个性化就是一个应用技术或者工具箱，通过应用技术或者工具箱，设计者可以在网页上显示用户名称、为用户提供个性化导航或为用户定制产品和服务。Tam 和 Ho（2003）的观点也具代表性，他们认为，内容个性化就是在适当的时间给特定的用户提供其需要的内容，内容个性化可以有效帮助用户应对网络信息时代内容爆炸增长的形势，内容个性化的基本思想是根据内容接收者的独特偏好向其提供个性化的内容。在此基础上，许多学者对内容个性化的内涵展开研究，主要观点如表 2－3 所示。

表 2－3　内容个性化内涵的主要观点

内涵	作者
图书馆内容个性化就是按照用户所表达的以及所观察到的个人用户需求，来动态地选择和提供电子内容	Tedd（1998）
对于网页而言，内容个性化就是一个应用技术或者工具箱，通过应用技术或者工具箱，设计者可以在网页上显示用户名称，为用户提供个性化导航或定制产品和服务	Kramer（2000）
网页内容个性化包含六个方面的内容：个性化界面和导航、个性化信息内容、个性化内容呈现、收集和分析数据、在线用户行为研究和为网页开发一个“个性化的界面”	Murugesan 等（2001）
信息内容个性化就是为用户量身定制信息内容	Perugini（2003）
内容个性化就是在适当的时间给特定的用户提供其需要的内容	Tam 和 Ho（2006）
内容个性化和内容定制有所区别，内容定制是等到用户明确的改变指令后，其关注的内容才为之改变，也就是说内容个性化在于主动性的调整，调整是由系统发起的，而定制则是由用户发起的	Jeevan（2006）

续表

内涵	作者
内容个性化的过程开始于内容接受者的偏好启发，内容发送者则通过这些独特的偏好来实现个性化过程	Encelle（2007）
内容个性化是一个双极线性序列函数，当某个内容被寻址给某个特定用户时，它被认为是高度个性化的；当内容是基于某些用户群体而设计的，可以被视为适度个性化；若某个内容没有特定的目标，它就是通用的或非个性化的	Hawkins（2008）
内容个性化就是确保使用户得到与他们特定利益和需要相符的内容，以降低信息过载的负面影响	Talia（2010）

资料来源：笔者整理。

综上所述，尽管学者们的研究视角不同，所得出的结论也不尽相同，但可以确定的是，内容个性化的实现有赖于对用户需求的了解，只有知道或熟悉用户的内容需求，才能确保在正确的时间为特定用户提供其需要的内容。

二、内容个性化策略与方法

目前，内容个性化策略和方法的研究主要集中在内容选项呈现、个性化推荐、内容检索和用户生成内容等方面。

（一）内容选项呈现

内容选项呈现是企业决定如何将可选择的内容更好地展示给用户，适宜的呈现方式有助于提高用户的满意度，是决定内容服务质量的关键因素（Talia 等，2010）。在内容呈现研究方面，很多企业采取了选项呈现的方式，即对每一内容项目设置多个差异化选项，让用户按需选择。为方便用户挑选，企业通常会设置默认选项。设置默认选项的目的是可以满足那些不愿意挑选，或是不知道该如何挑选的用户的需求，不挑选即可视为选择了默认选项。默认选项会对顾客的决策过程造成一定的影响（Hsee，C. K.，2004），对于用户选择和公司利润也都会发生作用（Goldstein，2008）。程丽娟（2016）证明了这一点，她通过实验发现，较之无默认选项，默认最高配置时定制的产品总价更高，而默认最低配置时定制的产品总价则较低；普通用户比专家用户更容易受到默认选项的影响，无论在何种选项设置模式下，普通用户都倾向于选择默认选项。

默认选项之外的选项都是备选项，备选项数量的多少一定程度上体现了内容个性化水平，且选项数量会对用户决策过程的内容搜索深度、搜索模式和策略补

偿性等产生影响（于泳红，2005）。此外，备选项出现的序列特征信息对动态决策行为具有十分显著的影响（Seale，1997）。李俊岭等（2009）发现，若选项数量较少且选项值连续升高，决策者倾向于较少的搜索数量；当选项数量较少且选项值连续降低，决策者倾向于较多的搜索数量。反过来，若选项数量较多且选项值连续升高，决策者倾向于较多的搜索数量；选项数量较多且选项值连续降低，则决策者倾向于较少的搜索数量。

如果默认项和备选项都没有用户需要的内容，或是已经超出了用户可接纳的选项数量，此时允许用户删除或增加选项将会增强用户内容个性化体验。Park，C. W. 等（2000）把选项呈现方式区分为“加法”和“减法”两种模式：“减法”模式呈现出完整的内容组合，用户可选择删除不想要的配置；“加法”模式呈现给用户最基本的内容组合和许多可供选择的附加项目，用户可自行选择添加所想要的配置。按照 Shafir（1993）的观点，用户更习惯以“加法”的方式来做决策，所以在选用“减法”模式来作为呈现方式时，用户会表现出更强的损失厌恶倾向，进而保留了更多的选项（Garmon，2000），因为取舍会让用户决策起来觉得比较困难（王艳芝等，2012）。不过正由于在选择中进行了更多的思考，用户在“减法”模式下对内容个性化的结果满意度会更高（万晓榆，2015），如果按重要性程度来划分的话，不重要内容在“减法”模式下更可能被选择，而重要内容在“加法”模式下更可能被选择（Yolanda，2011）。

（二）个性化推荐

内容呈现要求企业事先设置好差异化的内容选项，预先设置的内容选项只能算是一种静态内容，但用户在消费过程中势必会不断产生新的内容需求，用户的这种动态内容需求可以通过内容推荐来满足。内容推荐是产品服务系统自动推荐合适的内容项目给某个用户，从而缩短用户的内容搜索时间（Heung NK，2011）。在实际使用过程中，还要求能够自适应推荐，因为用户的喜好会随着时间的推移而改变，这要求企业随时掌握用户的需求特性和需求偏好，而用户内容消费记录是了解用户兴趣偏好的重要依据（Deldjoo，2016）；接下来需提取相应的内容特征，和已经获知的用户兴趣偏好匹配，匹配度较高的就可作为推荐结果推荐给用户。特征表示是内容推荐的瓶颈问题，学者们从不同视角给出了相应的解决策略。如 Zenebe（2009）提出一种基于模糊集理论（FTM）的内容特征聚类方法，利用模糊集和 Jaccard 指数提炼内容的相似性特征，用推荐信任数值来测量内容的匹配情况。刘玲（2012）利用高斯函数获得产品内容属性取值，借助 Topsis 中理想解与负理想解的思想定义了各内容属性的相似性，并通过 Topsis 中属性间的可补偿性获得相似产品内容。

上述方法一定程度上解决了内容特征描述问题，但内容推荐质量还取决于能否随时掌握用户内容需求偏好的变化情况。为此，Yolanda（2011）建立了内容特征与时间函数之间的链接，基于此提出了内容推荐的时间过滤策略。在该策略下，内容推荐系统不仅可以就历史信息来为用户推荐内容，还可以根据实际的变化情况来动态调整内容推荐对象，从而提高内容推荐质量。王刚等（2012）则研究了社会网络中缺少有效内容推荐依据的情况，提出基于社会网络的新闻推荐模型和算法，通过综合新闻内容的浏览时间指标、推介指标、评价指标以及内容的相似度指标，发掘和构建社会网络中的朋友关系，寻找距离最近的朋友，根据综合推荐度来制定新闻内容推荐策略。

（三）内容检索

内容推荐假设用户内容需求是连续的，且前后需求之间存在相关性，推荐系统可根据这种相关性来推测用户的下一次内容需求。但反过来，若用户的内容需求离散，或是前后两次需求之间不存在相关性，则产品服务系统就无从推荐了。此时，不妨将内容个性化的主动权交到用户手中，让用户在内容库中按需搜寻自己想要的内容。

内容检索也是内容个性化的主要手段，内容检索是用户从产品服务系统内部和外部的内容集合中查找到自己需要的内容资源的过程，这需要产品服务系统能够提供相应的内容检索引擎（李韬奋等，2016）。检索引擎的内容检索效率和质量由支持搜索引擎工作的模型和算法来决定，许多学者对此进行了探讨，如Chang，L. 等（2011）提出隐式获取查询情境中任务类型的个性化检索模型，通过分析检索中用户行为测度与任务类型的关系，构建任务类型的预测模型；Madkour等（2012）提出基于模糊集合的情境感知检索模型，对所需求的内容服务进行选择和排序时综合考虑功能性和非功能性情境信息的影响。

除了上述通用模型和方法之外，也有按具体内容类型来进行研究的。如文档内容检索方面，韩毅（2006）对基于DTD的XML文档内容检索进行了研究，该方法无须遍历整个XML文档，大大节省了系统查寻时间，不但实现与查寻结构完全匹配的XML文档的查寻，也能对结构相似的XML文档进行查寻。图像内容检索方面，Ghanbari等（2010）提出了一种基于区域的图像检索系统的半自动工具，指出内容检索的本质是找到从数据库中的用户的查询的语义相关的图像。数字内容检索方面，谢毓湘等（2010）研究了数字媒体特征和语义的选择、描述和提取问题。视频内容检索方面，周兵等（2013）提出了监控视频关键帧的检索方

法，使用背景差分法检测含有运动物体的关键视频段，在关键视频段采用联合直方图方法粗提取关键帧，然后根据监控视频帧序列的连续性特征，通过图像的信息熵精确提取关键帧。

（四）用户生成内容

随着信息技术的发展，用户发现即便自己不具备专业技术，也可以利用各种App工具快速地编辑和制作出自己感兴趣的内容，Graham等（2007）将这种用户行为称为用户生成内容。用户生成内容是一种相对于专业生成内容的概念，泛指以任何形式在网络上发表的由用户创作的文字、诗歌和小说，用户创建的照片，用户在互联网上创建的音频，用户在互联网上创建的或经过编辑的视频，用户在手机上或其他无线设备上创建的内容等（么媛媛等，2014），其发布平台包括微博、博客、视频分享网站、维基、在线问答和SNS等社会化媒体（Krumm，2008）。

用户生成内容是随着消费电子产品的发展而兴起的一种内容个性化策略，由于新一代的手持设备的产生，用户可以轻松地创建内容，并随时随地地从任何位置访问内容，从而满足用户“DIY”内容的需求（Deldjoo，2016）。“DIY”内容可以最大化满足用户的内容个性化需求，因此学者们纷纷对内容生成的方法进行探索。Krumm等（2008）研究了数字网络和移动设备用户内容生成在Open Street Map项目数据收集、模式识别、群体建立和艺术展现方面的应用，通过收集志愿者贡献出的GPS数据或者卫星定位线路图，生成免费的电子路标地图。Baladron等（2008）研究用户如何动态生成内容，认为通过Popfly或Pipes等图形工具，终端用户可以自行构筑个性化的内容服务。Ragnhild等（2009）提供了一种基于语义网技术的框架标准，该标准下读者可在不同图书馆之间搜集和共享用户生成内容。Noor等（2011）提出，可以利用博客中的友情链接、引用链接和评论链接来挖掘博客所体现出来的社会关系。蔡淑琴等（2012）以在线产品评论为例验证了用户生成对产品设计的影响作用。

三、内容个性化的应用研究

（一）传统内容产业的应用

最早对内容个性化进行应用研究的传统内容产业是图书馆服务行业，这时的研究重点在于如何为用户提供满意的个性化内容服务。如美国北卡罗来纳州立大学的Mylibrary项目，允许用户创建一个便捷式的网页，通过提供相关用户信息，便可罗列出相关可用信息资源，Mylibrary的内容可以持续保持动态更新。英国伯明翰大学的 BUILDER 项目亦是如此，BUILDER 移动图书馆可以实现用户和信息资源之间的无缝连接，所有资源都可以通过相同的界面和“配置”访问并获得，其提供的内容个性化服务包括课程相关资料下载、西米德兰地区高校图书馆目录信息搜索以及互动指导（Jeevan，2006）。在国内，上海图书馆 2009 年开发的个人图书馆项目给用户提供了用户续借、续证和到期提醒等内容服务，随后又增加了讲座查询、展览查询、开馆时间查询、查阅借书历史等操作和全市图书馆位置导航服务等内容（张磊，2011）。

紧随其后的是内容出版行业，Thomson、Springer 和 John Wiley 等国际知名出版集团都先后转型成为专业的数字内容供应商，如 Thomson 集团仅耗五年时间里就实现彻底转型，成为全球领先的专业内容服务集团（翁彦琴，2014）。国内的凤凰传媒集团，这些年也顺利完成了业务转型和升级，目前已成为以内容为核心，以数字技术为基础的多元化传媒集团。在升级转型的同时，各大内容出版集团纷纷进行内容创新，提高内容产品和服务的附加值，给用户提供多样化和个性化的内容服务。如加拿大汤姆森法律与法规集团，其构建的 Westlaw 平台可以供数百万用户同时访问和使用，不但为用户提供全天候的法律文件、文书和相关案例资料的内容搜索，还可以为顾客提供内容咨询，从而大大提升用户体验和用户满意度；荷兰的 Elsevier 集团所建立的 Scopus 数据库和 Science Direct 数据库，能够为全球范围的研究人员提供个性化的学术内容服务（翁彦琴，2014）。

（二）网页开发设计的应用

网络技术促使万维网逐渐替代传统的内容载体，成为信息内容传播交流与共享的主要载体，全球 Web 站点数目和规模日益扩大，其信息量和复杂度也急剧增加，这大大增加了用户寻找信息内容的困难性。一种有效的解决方案是预测用户内容需求，对用户进行预发送或给用户推荐他有可能感兴趣的网页，实现网页内容个性化服务。为此，Ferretti（2016）建议采用强化学习算法来挖掘用户信息，借助网络智能来实现网页内容个性化。Cong（2016）认为，影响网页内容个性化服务有效性的关键因素并非网页传递给用户的内容真的有多个性化，而是用户是否感觉到个性化。在国内，刘伟等（2010）提出了一种 Web 评论自动抽取方法，先从评论页面中抽取出评论记录，然后从评论记录中抽取出评论内容，从技术上解决了由于用户生成评论的不一致性给 Web 数据抽取带来的挑战。

内容在网页中不同位置的安排会影响用户网页内容浏览的体验。Chan，Y. Y.（2012）发现，人们对广告内容的认知效果会受到广告呈现位置的影响，与版面下边的内容相比，人们更关注版面上边的内容；同样，与版面右边的内容

相比，人们更关注版面左边的内容（LohseL，2001）。Goodrich（2014）进一步研究性别与内容呈现位置之间的相互关系，在被试者浏览网页新闻的过程中随机闪现广告，通过测量点击率来分析性别偏好，结果表明男性对网络广告关注更多，男性偏好左边的广告，女性偏好右边的广告。内容呈现方式亦是影响因素之一。申腊梅（2012）以科普文章为对象，通过实验发现多媒体呈现方式对线索类问题的错误率有显著影响，当被试回答线索类问题时，线性呈现方式下答题错误率高于网状呈现方式下大体错误率；另外，问题类型对线性呈现方式下被试回答问题用时有显著影响，线性文本呈现方式下被试回答概念类问题所用时间多于回答线索类问题用时。

四、智能互联产品的内容个性化研究

智能互联产品是内容个性化研究的新领域，由于移动互联是智能互联产品的基本特征之一（Porter，2015），因此，现有的网页内容个性化方法均可应用在智能互联产品上。如 Paireekreng 和 Wong（2008）通过分析智能移动手机用户在一天不同时间段的内容搜索使用行为，确定内容是移动手机用户最感兴趣的。Stefano 等（2016）提出一种强化学习算法来管理用户配置文件，为用户自适应性推荐个性化内容。Song 等（2008）提出一种基于情景感应内容推荐的互联网协议电视（IPTV）内容个性化方法，允许每个用户根据使用情景和环境来定制 IPTV 内容，确保更好的用户体验。李鑫等（2016）开发出基于手持移动终端设备的图像检索系统，采用查询点移动相关反馈技术，将用户检索意图融入检索过程中，形成一种交互式检索机制，利用用户反馈回来的正、反例图像信息，自动对查询向量进行调整，使其更加接近于正例图像，然后对调整后的向量进行再次检索，从而提高系统检索的准确性。

除了移动网页内容个性化之外，也有学者对智能互联产品的界面、系统、应用软件等方面的内容个性化问题进行研究。产品界面方面，Oliveira 等（2013）对智能互联产品界面的内容个性化进行界定，认为界面的内容个性化操作包括信息过滤、推荐、个性化信息查询和自动编辑等。Benoît 等（2009）开发了一种用于浏览移动智能设备 XML 内容的个性化多模态用户界面，特定内容类型的浏览需求可通过转换规则生成个性化界面，用户可在个性化界面上浏览这些内容。产品系统方面，Yolanda 等（2011）开发了一种基于内容个性化的移动数字电视系统，可实现多模态远程访问数字内容、远程传输和交互内容以及共享和个性化发布视听内容。闫娜和闫蕾（2012）对基于 Android 的个性化天气预报系统进行了

研究，采用 JAVA 语言设计天气预报程序，借助 Google 天气预报 API 获取天气情况的 XML 数据，便可以为用户生成个性化的天气状况信息。应用软件方面，马一翔等（2016）提出一种将安卓平台的第三方应用的功能作为组件的 Mashup 整合机制，实现异构 App 间的信息传递和为终端用户定制个性化内容。

五、对本书的启示

一方面，智能互联产品的内容个性化将会是未来研究的重点问题之一。在传统内容产业和网页设计研究方面，内容个性化已经取得了一定成果，但智能互联产品领域的研究还比较少，但这并不妨碍其成为未来研究的重点，因为智能互联产品已经成了多种内容的载体。在实践和应用层面，Paireekren（2008）、Oliveira（2013）、Stefano（2016）和马一翔等（2016）已经对智能产品的内容个性化问题做了一些研究，但按照 McFarlane 等（2007）的观点，产品智能水平从低到高可分为信息处理、状态监控和自主决策三个级别，我们生活当中出现的智能手机、智能电视等智能产品更多还是停留在信息处理级别的智能水平，这导致了在智能互联产品领域内容个性化研究和实践相对比较滞后。很多企业在进行智能互联产品内容个性化设计时，也仅是将网页的相关模块移植过去而已，不能真正体现出智能互联产品的优势。无论是信息处理或优化，还是数据监测和控制，其实质都是内容个性化操作，智能产品先天就具备了内容个性化的特性。因此，如何将智能产品的适应性、自治性、反应性和互联性等特征有效利用起来，更好地实现内容个性化，将是未来研究的一个重要方向。

另一方面，内容个性化的构成维度亟须确定。正如 Graham 等（2007）所指出的，内容可以包含文字、图片、音频和视频等多种表现形式，每种内容形式的表达、获取途径都有所差异；Tam 和 Ho（2006）也指出，个性化就是要因人而异，内容个性化的目标是在适当的时间给特定的用户提供其需要的内容。因此，内容个性化的识别和测量也应该是多维度的，遗憾的是，目前没有文献对此进行研究。不过现有研究也为本书的智能互联产品内容个性化维度划分提供了启示，从内容个性化的实施策略和方法综述中不难发现，现有研究认为，内容个性化可以通过企业引导或用户自发两条路径来实现：企业引导的内容个性化就是企业在产品设计或者是在产品使用过程中，通过设置多内容选项供用户选择或适时向用户推荐的方式来为满足用户的个性化内容需求，这体现在内容选项呈现和个性化推荐上；用户自发的内容个性化需要用户自己动手，要么按需搜索，要么按需制作，体现内容检索和用户生成内容研究上。内容选项呈现实质也是一种内容推荐形式，企业同时推荐几个内容选项给用户；内容检索可以视为用户对企业提供的内容不满意，自行扩展搜索自己需要的内容，属于内容扩展的范畴；用户生成内容则是用户“DIY”内容，即内容定制。

本书借鉴前人研究的成果，将内容推荐、内容扩展和内容定制作为内容个性化的三个构成维度。另外，结合智能互联产品的特点，借鉴 Porter（2015）对智能互联产品智能水平的分类，引入内容优化维度，构成了本书的智能互联产品内容个性化的四个维度。

第四节　用户体验研究

用户体验一直是企业生产和营销领域研究的重点问题，美国学者 Alvin Toffler 认为，社会经济的发展经历制造经济、服务经济和体验经济三个阶段，体验经济将会成为服务经济之后的社会经济基础。

一、用户体验内涵

心理学及其相关领域的学者率先对用户体验进行系统研究，指出了体验与情绪之间的关联性，认为从某种角度上看，体验就是情绪的全部。在此基础上，Schmitt（2000）对体验进行了定义，指出体验是个体对一些刺激所做出的反应，这里的刺激主要是用户感知到企业产品售前售后相关活动而做出的反应。不论是用户主动接受，还是被动的遭遇，企业的这些产品售前售后都会对用户产生刺激，从而触动用户的心灵和情感。Schmitt 最大的贡献在于首次把用户和体验并列一起，形成用户体验这一全新概念。

Garrett（2003）延承了 Schmitt 的研究成果，认为用户体验是用户与产品之间的联系和作用关系，包括用户“接触”和“使用”产品；进一步，他将用户体验划分为框架层、结构层、范围层、表现层和战略层五个层面，这些层面可以从品牌、功能、内容和信息等方面测量。Lasalle 和 Britton（2003）也提出自己的观点，认为用户体验是用户与企业各方面要素之间的互动，这些互动会产生正面或反面的反应，若是正面反应用户会认可产品或服务的价值；反之，用户就会否定产品或服务的价值。

国内也有不少学者对用户体验的内涵进行研究，这些研究成果大多建立在国外相关研究的基础之上。例如，朱世平（2003）参考了 Schmitt 的界定，将用户体验视为为了满足用户内在体验需要而发生在用户和公司间的一种互动行为过程。梁健爱（2004）则认为，用户体验是用户基于企业的刺激所产生的内在反应，是用户在达到其情绪、体力、智力或精神的某一状态时，其意识中产生的对企业的产品或服务的总体感受。用户体验内涵代表性的观点如表 2－4 所示。

表 2－4　用户体验内涵的主要观点

内涵	作者
体验是个体对一些刺激所做出的反应，这里的刺激主要是用户感知到企业产品售前售后相关活动而做出的反应	Schmitt（2000）
用户体验是用户与产品之间的联系和作用关系，包括用户“接触”和“使用”产品	Garrett（2002）
用户体验是用户与企业各方面要素之间的互动（包括产品、公司相关代表）等，这些互动会产生正面或反面的反应，若是正面反应用户会认可产品或服务的价值；反之，用户就会否定产品或服务的价值	Lasalle 和 Britton（2003）
用户体验与人、产品、系统或程序之间的交互相关，是用户在使用产品或者在接受服务过程中所产生的心理感受	Tullis 和 Albert（2008）
用户体验是用户在一定时间段内的所有经历	Forlizzi 等（2008）
用户体验是用户与公司进行直接或间接接触之后所产生的个人反应	Meyer（2007）
用户体验是人与产品交互过程中产生的主观体验	Hekkert 等（2008）
用户体验包括经历性体验和积累性体验，前者是用户使用产品后的即时体验，后者是用户在一段时期内的总体体验	Law（2010）
用户体验是用户与公司之间的互动，这种互动主要是为了满足用户的内在体验需要而发生的	朱世平（2003）
用户体验是用户基于企业的刺激所产生的内在反应，是用户在达到其情绪、体力、智力或精神的某一状态时，其意识中产生的对企业的产品或服务的总体感受	梁健爱（2004）
用户体验是用户主动参与到企业活动时所产生的美妙和深刻的感觉	汪涛和崔国华（2004）
个性化参与、线索和体验情境是用户体验形成的前提，用户体验包括积极体验和消极体验两个方面，它是用户以个性化的方式参与到企业提供的体验情境中而获得的综合感受	陈建勋（2005）
用户体验是在产品或服务消费趋于饱和之后，用户以个性化方式参与到消费事件或过程中所形成的难忘的、美妙的、期待的理性或者感性方面的感受	刘建新（2006）

续表

内涵	作者
用户体验是用户在产品使用或服务享受过程中所形成的心理感受	罗仕鉴等（2010）
用户体验是用户在产品使用或服务消费过程中形成的综合性感受，包括用户的物质感受和心理感受两方面	智力和贾敏（2011）

资料来源：笔者整理。

二、用户体验的构成维度

在用户体验构成维度研究方面，Schmitt（2000）的工作较具代表性，他的用户体验维度划分方法得到了很多学者的认同。Schmitt 首先将用户体验分解为共享体验和个人体验两个维度，然后将两个维度进一步细分。在他看来，共享体验的构成维度可以进一步细分为关联体验和行动体验两方面，其中，关联体验侧重于促进用户和社会之间的更多沟通和互动，行动体验要求企业要展示自己的生活方式来引领用户生活和行动方式。个人体验是用户自身的体验，可以从思考体验、情感体验和感官体验来测量。思考体验侧重于引导用户进行相应的思考和认知，情感体验侧重于企业的活动所激发的用户心理情感，感官体验侧重的是用户视觉、听觉和嗅觉等方面的感知。

Morville（2005）提出的用户体验蜂窝模型也得到了广泛应用，蜂窝模型涵盖了可用性、有用性、可寻性、期待性、信任性、可及性和价值性七个维度，其中，可用性用于测量用户对产品或服务可用性的客观体验；有用性注重的是产品或服务功能给用户带来的主观和客观体验；可寻性表明了用户获得该产品或服务的难易程度；期待性强调用户对产品或服务未来的期待；信任性是用户所感知到的产品或服务给自己带来的信任程度；可及性代表的是产品或服务功能所能够涉及的作用的范围；价值性用来测量用户在产品使用和服务享受过程中对自我价值满足情况的体验。

一些学者则针对具体产品或服务的用户体验构成维度进行研究。如 Mooney 和 Bergheim（2002）对购物用户体验进行分析，他们将用户购物体验归纳为用户购物的 10 种需求，包括引导、信任、自我掌控、鼓舞、简化、全天候服务、理解、超越期望、回报以及被关注等。McKain（2002）将娱乐业的经验延伸至商业领域，认为用户体验可由娱乐性、亲和力、可信力、引人注目、可升级性、可沟通性和定制能力七个方面来构成。在国内，郭红丽（2006）将电信行业的用户体验分解为便利、信任、尊重、身份、知识、掌控和效率七个维度，并通过实证研究指出电信行业用户体验的需求依次表现为尊重、信任、便利、效率、掌控、身份和知识。张红明（2005）则将用户体验分解为感官、情感、成就、精神和心灵体验五种类型，表2－5是国内外用户体验构成维度研究主要观点的汇总。

表2－5　用户体验构成维度的主要观点

构成维度	作者
用户体验包括效用性体验和感官体验	Karhul（1992）
用户体验包括情感体验、感观体验和实践体验	Moeslinger（1997）
用户体验可从个人和共享两个维度去测量：个人体验是用户自身的体验，包含思考、情感和感官三方面；共享体验是受企业影响而产生的体验，分为行动和关联两方面	Schmitt（2000）
用户体验包括认知体验和情感体验	Mahlke（2002）
商业用户体验可由娱乐性、亲和力、可信力、引人注目、可升级性、可沟通性和定制能力七个方面来构成	McKain（2002）
用户购物体验归纳为用户购物的10种需求，包括引导、信任、自我掌控、鼓舞、简化、全天候服务、理解、超越期望、回报以及被关注	Mooney等（2002）
用户体验包括信息可用性、品牌特征、内容性和功能性	Garrett（2003）
用户体验包括品牌、可用性、内容和功能性四个方面的体验	Rubinoff（2004）
用户体验包括有效性、吸引性、易学、效率和容错五部分	Whitney（2004）
用户体验体现在期待性、可用性、可及性、有用性、信任性、可寻性和价值性等方面	Morville（2005）
在电信行业，用户体验可分为信任、尊重、便利、效率、知识、掌控和身份七个维度	郭红丽（2005）
用户体验包括情感、感官、精神、成就和心灵体验五种类型	张红明（2005）
用户体验包括情感、感官、参与进行和思考四个方面	陈炬（2008）
用户体验包括易用、可用、友好、品牌和视觉五个层次，其中易用性又可分解为易学、易见和易用	赵望野（2008）
用户体验包括行为体验和情感体验两部分：行为体验分为感官体验和交互体验；情感体验则强调用户使用产品或享受服务的过程中所产生的某种情绪和情感	智力和贾敏（2011）
用户体验由功能可见性和可用性构成；进一步，可用性可以分解为简易性、感官性、回旋性和操作性等方面	金海（2012）

资料来源：笔者整理。

三、智能互联产品用户体验研究

对智能互联产品用户体验进行综合分析的文献相对较少，但部分学者对一些典型智能互联产品的用户体验进行了研究。例如，Molinillo（2012）探讨了移动智能手机线下购物体验对消费者购买决策的影响，指出移动智能手机在零售购买过程中的使用率显著增加，是因为用户可以利用智能手机在网上搜索或是与其他用户交换信息，并获得了良好的体验。

Wan 等（2013）建立了移动智能手机用户体验质量的评价模型，探讨移动智能手机用户体验的影响因素。他们建立了由互动、可用性、耐久性、创新、屏幕视觉、外观设计、触控体验、娱乐和情感 9 个指标构成的评价体系；通过验证分析发现，可用性、娱乐、互动和创新是影响移动智能手机用户体验质量的关键因素，这里的可用性为功能可用性，互动则代表了产品和用户之间的交互。

李建伟（2012）认为，智能手机的用户体验包括硬件、操作系统和应用程序三方面的体验，硬件体验侧重的是产品硬件特征或性能给用户带来的体验，如触摸屏反应是否灵敏、屏幕大小是否合适、电池续航能力的大小等；操作系统体验侧重的是用户与操作系统的交互，如后台运行、背景通知，推送邮件和网络浏览器等；应用程序体验是智能手机整体功能效果的直接反映，如能否兼容和运行各种移动应用软件和应用程序等。在这里，用户体验更多体现在功能体验和交互体验上。

在其他方面，Li 和 Kim（2015）对可穿戴设备的用户评价进行了调查，研究发现，便利性和有用性是影响可穿戴设备用户评价的主要因素。在这里，便利性和有用性属于可穿戴设备功能体验的研究范畴。陈娟等（2016）则以智能手机的微信软件为对象，对影响移动社交平台用户体验的因素展开调查，结果表明，移动社交平台的功能和交互显著影响用户体验；用户的情感感知则在移动社交平台功能、交互与用户体验之间起到明显的中介作用；使用环境对用户体验的影响可以忽略不计。

四、对本书的启示

通过对用户体验理论研究文献的梳理，可得到如下启示：

（1）用户体验及其构成维度尚未没有形成共识，研究的对象不同，其含义和构成构成维度会发生变化。但从前人研究成果的归纳总结发现，感官、情感、功能、可用性、易用性等词出现的频率较高，如 Karhul（1992）、Schmitt

(1999)、Rubinoff (2004)、Peter Morville (2005)、郭红丽 (2005)、陈炬(2008) 和金海 (2012) 等的研究。但这并不等于说用户体验便由这些维度来测量，因为以上维度在内涵上会有交叉，如易用性和情感体验等。

(2) 智能互联产品内容个性化对用户体验有一定影响。尽管相关文献并没有直接指出两者之间的其影响关系，但相关文献已经给出了理论支持。如 Molinillo (2012) 的研究指出，移动智能手机在零售购买过程中使用率显著增加的主要是用户可以利用移动智能手机在网上搜索或与其他用户交换信息，并获得了良好的体验。在这里，网上搜索、与其他用户交换信息属于本书界定的内容个性化的范畴，可以理解为内容个性化对用户产生影响，从而影响用户购买决策。另外，李建伟 (2012) 也一定程度上验证这一点，其研究成果显示，后台运行、背景通知推送邮件和网络浏览器等会影响移动智能手机操作系统方面的体验，能否兼容和运行各种移动应用软件和应用程序会影响用户移动智能手机应用程序方面的体验。不难发现，这里的操作系统和应用程序方面的操作均属于本书研究的内容个性化范畴。

(3) 在智能互联产品用户体验构成维度的研究中发现，交互体验和功能体验被认为是智能互联产品用户体验的两个基本构成维度，这更多是由智能互联产品的特点所决定的。由于目前仍处于智能互联产品发展的初级阶段，用户在选择智能互联产品时，必定会与传统产品进行功能对比，产品功能体验会直接影响用户的购买决策。另外，交互性是智能互联产品的一个重要特征，如 Rijsdiik (2009)、Sallez (2010) 和 Valencia (2015) 所指出的一样，也是用户最容易感知到的。

(4) 按照本书对用户体验内涵所做的界定，智能互联产品用户体验强调的是用户在接触智能互联产品、系统和内容后，所产生的反应与变化，这种反应与变化会涵盖产品、系统和内容使用的前、中、后期。在使用前期，更多是依靠视觉、触觉等方面的感官体验，在中期和后期，更多的是对产品的交互和功能体验。因此，本书借鉴 Karhul (1992)、Schmitt (1999)、智力和贾敏 (2011)、金海 (2012)、李建伟 (2012) 等的研究成果，初步将智能互联产品用户体验划分为感官体验、交互体验和功能体验三个维度。

第三章　探索性案例研究

第一节　案例研究方法

一、案例研究方法概述

在缺乏相关的前人研究文献时，不妨选用案例研究方法。按照 Eisenhardt（1989）的观点，案例研究能够很好地对诸如“为什么”和“怎么样”之类的问题进行解构。从案例分析性质看，有评价性案例、解释性案例、探索性案例和描述性案例四种（孙海法等，2004），评价性案例主要是就特定事例做出判断，关注的是对研究案例提出自己的意见和看法；解释性案例侧重现象的归纳和总结，发现事物之间的相关关系或因果关系，进而根据理论检验得出结论；探索性案例研究一般用来开发新的研究视角，进而给出相关研究假设；描述性案例常用于对人、事件或情景的概况做出准确描述。

本书研究目的是揭示智能互联产品内容个性化对用户体验和用户价值的影响作用关系，从内容个性化的角度来研究用户价值是一个新视角，目前还没有成熟的假设模型可以借鉴，因此适合探索性案例研究方法。本章将采用历史数据、二手资料分析和访谈、实地观察相结合的方法来收集案例研究资料，分析案例对象在内容个性化、用户体验和用户价值方面的情况，进而揭示智能互联产品内容个性化、用户体验和用户价值之间的逻辑关系，形成本书研究命题。

二、案例研究步骤

按照 Eisenhardt（1989）的观点，探索性案例分析可以分解为“提出研究问题、确定案例研究对象、分解测量指标、形成访谈调研提纲、数据采集与分析、提出研究假设、案例间对比以及案例总结分析”八个步骤。项保华等（2005）认为，案例研究过程可以遵从“确定研究问题、形成理论预设、收集案例对象资料、分析案例资料、案例间对比研究和形成研究报告”六个步骤。俞湘珍（2011）将案例研究过程归纳为“问题界定与设计、资料收集与分析、案例分析及总结”三个阶段，其中，问题界定与设计进一步分解为“界定研究问题、研究方案设计、案例研究对象选择、研究工具与方法选择”等子步骤，资料收集与分析分解为“资料收集、资料分析、形成假设”三个子步骤，案例分析及总结分解为“文献对比、案例总结”两个子步骤。借鉴前人研究成果，本研究探索性案例研究的步骤及内容如表 3－1 所示。

表 3－1　探索性案例研究的步骤

步骤	采用的方法及目的
理论预设	界定研究问题、确定先验理论；问题必须聚焦才能确定概念测度指标
案例选择	确定案例选择范围、采用理论抽样而不是随机抽样；选择有代表性的案例，验证并引申案例
数据收集	多次访谈和观察，采用灵活多样的资料收集方法，以便更准确把握主题和案例特点
案例内分析	案例内分析，目的是从各种角度查证证据
跨案例对比	案例间分析，目的是找到共同点
形成假设	对各构成要素进行多次证据复核、针对各案例的共同点，寻找原因；证实、引申及精练理论

资料来源：笔者在 Eisenhardt（1989）、项保华等（2005）和俞湘珍（2011）基础上整理。

接下来，本章将按照表 3－1 的步骤逐步开展探索性案例研究。

第二节　理论预设

进行探索性案例研究的第一个步骤是理论预设，理论预设有助于确定研究目

的，限定研究范围，为随后的案例对象选择和资料收集奠定基础。

在传统理论研究中，不断创造新的用户价值已经被证明是制造企业持续成长的关键。对于智能互联产品制造企业来说，由于产品硬件的同质化和雷同化已经在所难免，产品内容个性化的作用就越发重要。相关理论已经指出了内容个性化对用户价值的影响作用，如 Brusilovsky（2007）指出，网页导航、页面、图片、文字等内容的个性化设置和操作可以从心理上提高用户满意度。Cai（2009）等认为，时常为用户提供各种个性化内容推荐方案会促进用户的购买欲望，增进电子商务网站的销售收入等。

相应的，许多研究也探讨了用户体验与用户价值之间的影响关系。如 Brakus 和 Schznitt（2009）对产品品牌体验与用户满意度及忠诚度之间的关系进行了实证分析，发现用户的品牌体验能够直接影响产品的用户满意和品牌忠诚，这里的用户满意和品牌忠诚属于本研究研究的用户价值的范畴。宁连举（2012）则指出，产品功能性因素是影响用户购买意愿的主要因素，产品功能体验将会对用户的购买意愿有显著影响作用。

综上所述，围绕“智能互联产品内容个性化对用户价值的影响关系及其作用机理”这一核心问题，提出了如图 3 – 1 所示的初始研究命题。

图 3 – 1　内容个性化与用户价值关系的理论预设

不过，这一理论模型仍需进一步细化，这又可分为两个方面的问题：第一，企业从哪几个方面来进行内容个性化设计；第二，这些内容个性化举措会影响哪些方面的用户体验，用户体验又如何影响用户价值。

总的来说，企业在进行产品内容个性化设计时可以遵循两个思路：一是由企业所引导的内容个性化；二是由用户自发的内容个性化。前者需要企业在进行产品设计时，针对每项内容需求设计多个差异化内容选项，方便用户在产品使用时按需选择，Park 等（2000）将企业提供多选项供用户选择的做法称为选项定制策略。于泳红和汪航（2005）指出，在企业采用选项定制策略时，产品及其内容的选项数量多少一定程度上体现了产品和内容的个性化水平，且选项数量会对用户决策过程产生十分显著的影响；如果具有多个选项，还可以通过设置默认选项来引导用户购买。Park 等（2000）则进一步将内容选项的呈现方式区分为加法模式和减法模式两种，通过研究发现，用户更习惯用加法模式来作决策，即呈现给用户最基本的内容组合和许多可供选择的附加内容，用户可以按需选择自己想要的内容。

另外，用户自发的内容个性化的重要性也毋庸置疑。目前虽然没有直接针对用户自发的内容个性化构成要素等方面的研究成果，但现有的微博、在线评论等用户生成内容形式其实就是属于用户自发的内容个性化。按照 Graham（2007）的定义，用户生成内容泛指以任何形式在网络平台上发表的由用户自行制作的文字、诗歌、小说、照片、音频和视频等。智能互联产品通过提供各种内容编辑和制作工具，借助专业 App 软件和互联网络，用户可以轻松地创建内容，并随时随地访问内容，从而满足了用户的内容“DIY”需求（Yolanda，2011），这一维度的个性化是传统功能性产品用户难以获得的。

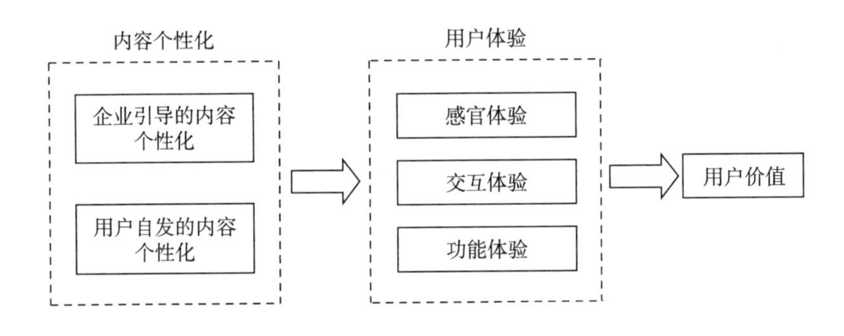

图 3－2　内容个性化与用户价值关系的理论预设细化 1

图 3－2 是细化后的理论预设，这一细化模型主要借鉴 Rubinoff（2004）、Karhul（1992）、Schmitt（1999）、智力和贾敏（2011）等学者的观点，从感官体验、交互体验和功能体验三个方面来对智能互联产品的用户体验进行测量。感官体验是产品给用户带来的视觉、听觉和触觉等方面的感受，交互体验是强调用户在产品操作方面的心理和情感体验，功能体验则是对智能互联产品功能的直接感受。

由于具有移动互联功能，智能互联产品用户可以很方便地获得各种信息资源，不过信息资源的几何级数爆炸增长增加了用户搜索和浏览成本，用户可能要花上数倍的时间才能找到自己想要的内容（Han 等，2013）。智能化的产品应该可以为用户推荐相关的内容资源，同时能对内容资源进行优化过滤，以免过多的无关内容占据产品系统空间，从而影响用户的操作体验。内容推荐和内容优化是前人研究的两种内容个性化方式，如 Yue 等（2013）构建了产品系统内容优化

的框架模型；Blacker等（2005）对产品界面的内容优化设计进行研究；Zenebe（2009）、刘玲（2012）等分别提出了相关的内容个性化推荐方法等。基于此，本书借鉴前人的研究成果，将企业引导的内容个性化进一步细化为内容优化和内容推荐两个维度。

用户生成内容是用户自发的内容个性化的主要途径，这方面的研究成果比较多，如Kruum等（2008）研究了移动设备用户如何生成电子路标地图，Noor等（2011）研究如何生成微博内容等。用户生成内容的实质是用户根据自己的需要自行制作内容，即自定制内容。本书将用户的这一个性化内容操作命名为内容定制，作为用户自发的内容个性化的测量维度之一。另外，还有一些学者提出了内容分享（Skjetne，2013）、在线评论（Utz，2012）、视频扩展（全晓东，2003）、App扩展（Lee，2014）等用户自发的内容个性化行为。本书认为，这些都是在现有内容基础上的扩展，因此将之统一归纳到内容扩展的范畴，并将内容扩展作为用户自发的内容个性化的另一测量维度。在此基础上，进一步细化的理论预设模型如图3-3所示。

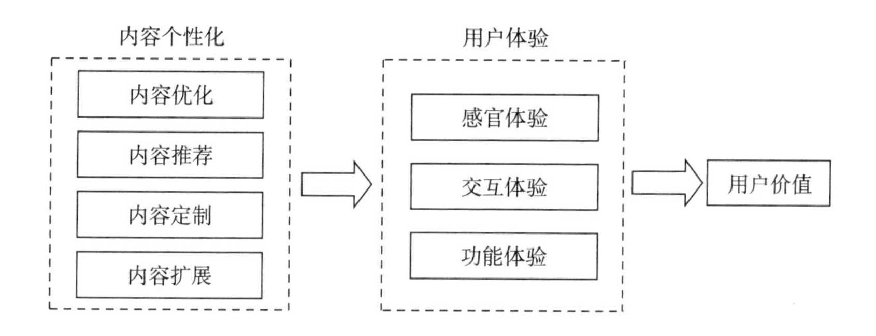

图3-3 内容个性化与用户价值关系的理论预设细化2

第三节 案例选择与数据收集

一、案例选择

如果从效度方面考虑的话，多案例研究会具有良好的效果。按照Eisenhardt

(1989) 的研究观点，原始案例数量最好为 4 ~ 10 个。Yin RK (2000) 也认为，多案例的对比分析有助于研究者更好地推演出相类似的结论，或者是更好地分析差异产生的原因，从而提高案例研究效度。参考学者们对案例选择的相关建议，考虑到本书案例研究的效度问题，本书最终决定选择四个案例来进行研究。

鉴于智能互联产品行业发展不均衡，本书选择相对成熟的移动智能手机行业和可穿戴设备行业（主要是智能手表）的两个案例来进行研究；另，由于当前智能家用电器行业发展势头比较猛烈，故选择其中最具代表性的智能电视行业作为对象之一；至于智能汽车，则是当前竞争的焦点，是故本书选择智能手机、智能手表、智能电视和智能汽车四个行业的四家企业及其智能互联产品作为研究对象。

在具体案例对象选择上，考虑到案例数据的可获性、调查研究时间成本、案例之间的可对比性和案例的代表性等诸多因素影响，选择的案例对象都是我国制造企业所开发的智能互联产品。另外，为了降低案例的外部变异性，本书兼顾了表现优秀和表现稍差的企业的智能互联产品，所选择企业的智能互联产品在用户价值表现上高低不一，这样可以更好地通过比较来得到相关因素。基于此，选择了 A 集团的 A－55 智能电视、B 公司的 B－watch 4 智能手表、C 集团的 C－X5 智能汽车和 D 集团的 D－phone 8 智能手机作为案例研究对象。

二、数据收集

为提高探索性案例分析的可信程度，遵循案例资料和数据收集的多途径原则 (Yin, R. K., 2003)，利用访问案例对象的官网、网络搜索引擎、面对面访谈以及学术资源数据库等多个途径来收集案例数据，建立案例资料库，便于进一步的案例分析。

(1) 访问企业官网。在正式案例调查之前，首先要对案例研究对象有大概的了解，这将有助于研究者设计调研和访谈提纲，确保在调研和访谈过程中获得尽可能详细和准确的数据，减少反复调研和访谈次数。因此，在正式调研之前，先后访问了四个公司的官网，获得了公司简介及案例研究产品的相关宣传资料，对案例研究对象企业及其产品情况有了初步了解。

(2) 网络搜索引擎。利用国内主流的搜索引擎，包括百度、搜狗、搜搜和 360 搜索等，以“产品测评”和“产品体验”为关键词，分别对四个企业的产品进行搜索，可以获得相关二手数据，了解一些专业人士或代表用户对该智能互联产品内容个性化和用户体验的认识，同时也可以获得一些用户价值方面的数据。

（3）访谈。采用面对面访谈、电话访谈、QQ 访谈和邮件访谈相结合的方式，访谈对象包括企业技术专家、设计人员、产品经理、市场部门负责人、各大电商产品专柜负责人以及一些用户代表，这些人员对其负责或使用的智能互联产品较为了解，这保证了访谈内容质量。在访谈之前事先设计好半结构化的访谈提纲，并且向访谈对象解释了内容个性化、用户体验和用户价值等基本概念，保证访谈过程的有效性；在征得访谈对象同意后，访谈过程中采用录音笔记录，以免出现错漏，访谈结束 4 个小时内尽快进行整理。访谈中难免会有不详尽之处，如果整理过程中发现问题，采用邮件、QQ、微信和电话等形式进行沟通，保证访谈所获得的信息尽可能详细和完整。

（4）学术资源数据库。利用 EBSCO，Elsevie，Wiley 和谷歌学术等国外学术资源数据库，以及国内的中国知网、万方数据库和维普全文期刊学术本研究数据库，获得智能互联产品、内容个性化、用户体验和用户价值的相关研究文献，对研究文献进行综述研究和梳理，形成智能互联产品内容个性化、用户体验和用户价值的初步测量指标，为案例内分析做准备。

收集到相关数据后，按照本书的理论预设分析访谈数据，借鉴前人理论研究成果，确定每个变量的初步测量指标；结合每一个案例研究对象的实际情况，具体分析他们在这些测量指标上的总体表现和绩效情况，列表汇总以准备进行下一步分析。

第四节 案例研究对象简介

本书选择智能手机、智能手表、智能电视和智能汽车四个行业进行研究，涉及的企业及其智能互联产品有 A 集团及其 A－55 智能电视、B 公司及其 B－watch 4 智能手表、C 集团及其 C－X5 智能汽车和 D 集团及其 D－phone 8 智能手机。

一、A 集团及其 A－55 智能电视

A 集团成立于 1988 年，总部位于深圳高新技术产业园，集团主要产业包括智能电视、空调、冰箱、洗衣机、显示器件、数字机顶盒、安防监视器、网络通信、半导体、3C 数码和 LED 照明等。2000 年，A 集团在香港主板上市；2014 年

9 月，A 数字公司在深交所正式挂牌上市。A 集团如今居中国电子信息百强第十七位，上榜“中国企业 500 强”和“香港上市公司 100 强”；A 数字机顶盒市场占有率连续多年稳居国内第一，整体销量稳居全球第三。2017 年，A 集团品牌价值达 832.32 亿元，在中国电子企业中排名第十三名。

A－55 是 A 集团 2017 年 7 月推出的智能互联网电视，屏幕尺寸 55 英寸，分辨率 4K（3840×2160），搭载 18 核 Amlogic 超级芯片，配备广色域 4 色 4K 屏体，CPU 为 4 核 CortexA9 处理器，运行内存为 1GB DDR3，固有内存为 4GB Emmc；软件方面，A－55 采用酷开 7.0 操作系统，能够兼容 Android 系统。

二、B 公司及其 B－watch 4 智能手表

B 公司于 2012 年成立，公司主营业务包括智能手表、智能车载设备、智能语音车载 App、生活服务 App 和智能语音搜索引擎等。B 公司与谷歌公司之间存在着紧密的联系，2015 年 B 公司和谷歌 Android Wear 签署了语音搜索战略合作意向；次年 1 月 B 公司与谷歌公司在智能手表应用市场上达成官方合作协议，于是“B 应用商店”也成了谷歌 Android Wear 的官方合作伙伴；同年 4 月，B 公司被评为 IDC 创新企业 100 强。

B－watch 4 是 B 公司 2017 年 6 月推出的新一代智能手表，采用 MT2601 1.2 双核的处理器，512M 内存，4G 存储，搭载自主研发的 B－watch 系统系统；电池容量 300mAh，搭配无线底座进行充电，采用自主创新的 TiChargeTM 无线快充技术，充电效率高达 75%；另外，在防水方面，B－watch 4 的防水等级为 IP65，能达到生活级防水需求。

三、C 集团及其 C－X5 智能汽车

C 集团是国内著名的汽车上市公司，其总股本目前已经超过了 110 亿股。C 集团主要从事整车制造及汽车零部件的研发、生产和销售业务。其产品包括自主品牌产品和合资品牌产品两大系列，其中，自主品牌产品包括 C－Rong 和 C－Jie 两大系列，合资品牌产品包括 C 通用、C 大众、C 申沃和 C 红岩依维柯四大系列。据相关统计数据，C 集团在 2017 年的合并销售收入高达 1066.8 亿美元，整车销量达到 590.2 万辆，在我国汽车市场上保持领先优势；同时，C 集团连续 12 年入围《财富》世界 500 强企业名单，2017 年度排在第 46 位，是国内汽车生产企业中排名前三的企业。

C－X5 是 2017 年上市的一款互联网 SUV。该车基于 C 集团全新 SUV 架构平

台 SSA 打造，搭载 2.0T 和 1.5T 两款缸内中置直喷涡轮增压发动机。在智能互联模块方面，C－X5 采用 7 英寸液晶仪表盘和 10.4 英寸中控台大屏，CPU 工作频率为 1.2GHz，内存为 2GB，存储空间为 32GB；软件方面，C－X5 搭载 Ali 公司自主研发的 YunOS 智能操作系统；该系统内嵌有 Ali 通信、Ali 云计算等一系列 Ali 系软件，还将高德导航 YunOS 深度定制版、虾米音乐和蜻蜓 fm 等资源也打包服务于用户，通过淘宝账号可以实现车机和手机的一账互通。

四、D 集团及其 D－phone 8 智能手机

D 集团于 1988 年在深圳成立，一开始主要从事交换机销售代理，随后慢慢向数字交换解决方案方向扩展。目前 D 集团提供的主要产品包括企业路由器、交换机、平板电脑和移动智能手机等，其主要业务范围涵盖了移动、宽带 IP、光网络、电信增值业务和终端等各大领域。2013 年，D 集团超过全球第一大电信设备商爱立信，排名《财富》世界 500 强第 315 位；2017 年 8 月，全国工商联发布“2017 中国民营企业 500 强”榜单，D 集团以 3950.09 亿元的年营业收入成为 500 强榜首，并在“2017 中国企业 500 强”中排名第 27 位。

D－phone 8 是 D 集团于 2017 年 6 月 26 日推出的旗舰移动智能手机，搭载 QL950 芯片，采用 AndroidM（6.0）＋EMUI 4.0 操作系统，该机支持全新的指纹 2.0 识别技术，指关节 2.0 技术，搭载了 4000mAh 超大容量电池，理论待机时间为 21.6 天，同时还支持快充技术，充电 5 分钟通话两小时。在摄像头方面，D－phone 8 采用的是前置摄像头 800 万像素和后置摄像头 1600 万像素；该机双卡双待，支持全网通功能，能够兼容市场上主流的多种网络格式。

第五节　指标确定及案例分析

借鉴前人理论研究成果，确定智能互联产品内容个性化、用户体验和用户价值的测量指标，分别对四个案例对象的情况进行分析。

一、内容个性化的探索性指标及案例分析

借鉴 Jeevan（2006）、Deldjoo 等（2016）、Allan 等（2002）、Oliveira 等（2013）、张磊（2013）、聂华和朱本军（2013）等的研究成果，本书用内容更

新、界面优化、陈旧及不良内容过滤等指标来表征产品的内容优化；用产品内容编辑、内容订阅、内容检索等指标表征产品的内容定制；用据历史记录推荐、根据用户偏好推荐、内容推送等指标表征产品的内容推荐；用内容分享、感应其他设备的内容、感应外部环境生产内容等指标表征产品的内容扩展。

（一）A－55的内容个性化

内容优化方面：①用户界面优化。A－55对用户界面进行优化，将常用的功能选项集中放在一个区域，首页显示用户最常用内容模块，包括影视、教育、商城、游戏、旅游和应用等，还在GeekMax影视平台下方添加两条最近观看记录，让用户迅速找到常用的功能。②系统优化和更新。A－55能够保持持续更新和优化，仅在2017年，其酷开系统就从6.0版本更新到7.5版本，中间的更新版包括6.2、6.6和7.0；用户只需点击系统更新，等待数分钟就能获得新版系统。③能够定期清理缓存。点击“我的应用”，进入“管理”项，选择“清除缓存”，再选择需要清除缓存的应用，便可以释放内存。如果觉得一个个选择太麻烦，可应用电视应用圈自带的一键加速功能。若要将缓存优化得更彻底，可以使用“恢复出厂设置”进行深度清理。

内容推荐方面，酷开应用圈以及Geek·Life生活圈内所有的内容模块都具有内容推荐功能。进入酷开应用圈“我的应用”菜单，就会看到有“我的”“推荐”和“管理”等模块，“推荐”模块即给用户推荐相应的应用程序。Geek·Life生活圈内各模块的内容推荐方式有所差异，Geek Max影视采取根据用户浏览记录和观看习惯推荐的方式，把影视作品罗列在Geek Max影视右侧的推荐栏中，每一作品的影视中心模块页面展示区给出影视作品的简介或剧情重点提示，避免用户选到不喜欢的影视作品。Geek Pod音乐和Geek Box游戏采用根据网络用户点击排行推荐的方式，两者均列有“榜单”栏目，显示出音乐或游戏下载量的排行情况，用户拿不准主意时，可以参考榜单上其他用户的下载偏好。Geek Edu教育、Geek Mall商城和Geek Travel旅游则通过“最新”和“热门”的方式来推荐，在一些特殊节日，如儿童节、双十一等，Geek Edu.教育和Geek Mall商城会及时将最新的促销活动和热门商品推荐给用户，Geek Travel旅游也会实时向用户推荐最优惠的旅游套餐和最热门的旅游景点。除了系统向用户推荐之外，A－55的“应用点赞”提供了向其他用户推荐的功能，在任意内容详情页的左侧位置，均可看到一个点赞标志，若对该内容满意，用户可点赞推荐给其他用户；系统自动统计应用的点赞量，点赞量排行高的应用就会在Geek Box游戏“榜单”中显现出来。

内容定制方面：①主题桌面定制。用户可以将酷开主页或是电视派桌面设置成为默认主页，根据自己的习惯将常用的软件添加到电视派桌面上，如同智能手机一样修改应用的位置顺序，增减桌面应用和个性化自定义添加内容模块。②更换个性化壁纸。用户可以选择喜欢的图片作为壁纸，电视派桌面也可自定义壁纸，只需将图片放在U盘的第一层目录下，连接到电视上便可以选择图片和设置壁纸。③应用和游戏管理。进入酷开应用圈，用户可以选择感兴趣的应用下载，添加到电视派桌面上；已经安装的应用陈列在“我的应用”界面上，若用户不再使用某应用，可点击“管理”选项强行删除。④内容搜索与收藏。生活圈各模块主界面都设置有搜索栏，用户可搜索查找自己喜欢的音乐、影视作品、游戏和商品等；在浏览GeekEdu教育、GeekMall商城和GeekTravel旅游时，若看到有价值的文本或网页内容，用户可将之添加到“历史收藏”菜单，在需要的时候调出继续查看，不需要时删除即可。

内容扩展方面，A－55以影视内容为核心，打造了Geek·Life生活圈，拥有GeekMax、GeekPod、GeekBox、GeekEdu、GeekMall和GeekTravel等丰富内容：①GeekMax影视采用腾讯的视频后台，提供最新上映和最热播的电视剧，涵盖综艺、动漫、体育、科技和资讯等类别的内容。②GeekPod音乐中心内置了Rainbow正版音乐，拥有大量的无损音乐、超高清MV视频、演唱会和音乐专题，任何类型的用户都能找到自己喜欢的音乐。③创维GeekBox游戏中心拥有全通道的电视游戏对战平台，各类电子游戏应有尽有，相关游戏道具置于游戏界面右下角。④GeekMall购物中心囊括了京东、天猫、苏宁易购、国美在线等常见的购物平台，从搜索、选购到付款流程都非常简易，还可以像在PC端一样查看销量和评价数据。⑤GeekEdu教育中心拥有不同学龄段孩子的教学内容，还有不同行业的专业性资料、生活百科等相关内容，在这里用户可以看到瑜伽教学、孕产育儿、舞蹈教学、保健养生等大量的科普教育和生活技巧的视频。⑥GeekTravel旅游中心与去哪儿、携程网、途牛、驴妈妈等在线旅游网站进行合作，打造了电视旅游平台，平台内拥有众多驴友们提供的旅途分享内容和旅游攻略，用户可以在旅游平台上私人订制自己的出行计划。

（二）B－watch 4的内容个性化

内容优化方面，B－watch 4用户可以定期或不定期更新内容。只需登录B－watch 4社区网址http：//bbs. B－watch. com/forum. php，便可看到B－watch系统每月的更新日志，日志从系统、语音、电话、表盘和用户端五大内容模块给出优化提示，一般包含新增、优化和修复三方面内容，用户可以在电脑或手机上下载更新文件并安装使用。表3－2为B－watch稳定版4.5.0在2018年6月的更新日志。

表3－2　B－watch稳定版4.0更新日志

更新内容	更新对象
新增：底层低电耗模式，优化手表续航；优化：系统版本升级提示；修复：抬手亮屏后屏幕失灵	系统
新增：联系人语音识别（IOS）；优化：识别准确率和识别速度	语音
修复：手机号码来电时，蓝牙断开，手表端电话不挂断；电话主叫方挂断电话后，手表依旧响铃	电话
优化：绿色极简表盘；修复：省电模式数字表盘时间模式异常	表盘
优化：系统版本升级提示；推送服务无法启动；修复：同步音乐时，不显示本地音乐	用户端

资料来源：B－watch 4社区网址http：//bbs. B－watch. com/forum. php，笔者整理。

内容推荐方面，B－watch 4提供了各种信息的智能推送。凭借B公司自主研发人工智能技术，B－watch 4可以为用户提供相关智能推送服务；无须用户操作，B－watch 4会在合适的时间和地点，向用户主动推荐其所需要的信息。如用户前往机场乘坐航班时，B－watch 4会第一时间推送路况信息；航班待机、登记、整点或延误信息也会即时推送给用户；待到安全着陆，行李状态、提取位置等信息会立刻推送出来，减少用户不知情带来的焦虑。除了交通状况和航班信息之外，B－watch 4还可实现多种类型的信息推送，可以说在智能手机上能推送的信息都可在手表表盘上推送，同时还具备消息收发和回复功能。

内容定制方面：①电子表盘定制。B－watch 4内置有数十款电子表盘，分为自然派、个性派、商务风和复古风四种类型，若用户在四类电子表盘中未能找到喜欢的，还可通过云表盘或应用商店下载第三方表盘。B－watch系统支持云表盘和应用商店下载，在手表与网络正常连接状态下，进入表盘选择界面，选择合适表盘，借助手机端的B－watch助手作，便可定制出符合自己偏好的电子表盘。②内容搜索。B－watch 4支持智能语音交互，抬起手腕，用户可以就“明天会下雨吗?”“最近有什么好看的电影?”“今天有什么新闻?”“附近人均50元以下的自助餐厅?”等问题进行咨询，B－watch 4会自动搜索答案并快速给出答案。

内容扩展方面，B－watch 4与大部分主流App合作，完全支持微信、京东、搜狗、支付宝、滴滴打车、易到用车、大众点评、去哪儿、高德地图、新浪微博、中华万年历、今日头条等主流软件。同时，B－watch 系统还兼容了近 300 款谷歌 Android Wear 的原生应用。在 B－watch 4 的应用商店里，用户可下载 App，一些常用的应用软件、社交软件、电子游戏和电子表盘都可以在应用商店里搜索、下载和安装。此外，B－watch 系统还提供了心率监测和 Tic 健身功能。心率监测方面，通过搭载动态心率传感器，B－watch 4 实现了运动中的心率监测；Tic 健身则分为慢步走、室内和户外跑步、体育训练等多种场景，每一种场景下用户的运动里程、实时心率、所消耗的能量等数据都可以通过 B－watch 4 内置的传感器全方位跟踪，向用户提供专业的运动指南。

（三）C－X5 的内容个性化

内容优化：①内容更新和优化。通过与 4G 网络实时连接 YunOS 系统、应用、网页、多媒体等内容可以实时更新。例如，YunOS 系统平均每年都会进行一次版本更新，还会根据用户反馈的 Bug 信息进行优化，形成改进版，如 YunOS3.0、YunOS3.0.1、YunOS3.1、YunOS3.1.6 和 YunOS3.2 等；导航数据也可实时更新，只要开通 4G 网络，每到一个新的城市，导航软件就会下载更新地图；如果不愿意实时更新，也可关闭自动更新，需要之时再打开“地图数据管理”菜单进行手动更新。②车况信息监测。C－X5 实现了车况信息监测，用户可以随时对车辆的情况进行检查，C－X5 会自动对发动机、底盘、传动和油耗等方面进行综合评价，并给出车辆保养建议。③内容呈现优化。YunOS 系统为每位用户提供一个以车辆绑定的账号 ID，登陆 YunOS ID 便可对驾驶偏好、音乐偏好等内容进行设置，相关数据自动同步于云端；待到用户打开车门，YunOS 系统会自动识别 ID 身份（通过钥匙、移动智能手机等），进而对用户 ID 进行问候，自动调节出与 ID 身份相对应的主题和音乐呈现给用户。

内容推荐方面：①根据车主的操作和偏好推荐内容。C－X5 能够给用户推荐相关的商家优惠活动信息，通过与 YunOS 的账户与支付宝账户、淘宝账户的关联，可以记录和分析用户消费偏好，一旦路过加盟商家，用户便会接收到商家的优惠信息推送。②安全驾驶内容推荐。C－X5 可以与手机端的“斑马智行”App 相连接，“斑马智行”会不时给车主推荐驾驶习惯之类的内容消息，包括驾驶安全、文明驾驶、绿色驾驶、用车成本以及车辆频道等。③车辆保养信息提醒。C－X5 设置有专门的车辆保养模块，车主可以在中控台上清晰地看到车辆的使用状态，细分到每一个项目的使用周期和剩余使用寿命。若车主无暇查看，系统会自动检测车辆健康状况，如果到了保养临界点，便会通过“斑马智行”推送提醒信息，并给出相应的处理意见。

内容定制方面：①在线查询车位信息并预约车位。用户只需下达搜索指令，C－X5 便通过网络互联功能，快速向用户呈现出车辆附近可用停车场及其相关车位信息和收费标准；用户根据实际情况选择停车场，在线填写车位预定订单，通过 C－X5 支付宝账号预先支付，便可实现车位预定。②内容搜索定制。通过与移动智能手机互联，车主可在移动智能手机上搜索目的地，相关信息便推送到车载主机上，打开导航软件即可导航。③选项定制。例如在道路救援方面，YunOS 系统建立了专业的救援中心模块，系统共提供了原厂救援、路华救援、大陆救援和车享救援四种模式，每种模式的紧急联络方式，包括救援记录等都可以在 YunOS 或通过“斑马智行”看到，用户可根据道路上出现的具体情况、救援时间和费用来选择救援模式。

内容扩展方面：①自定义拍摄和实时共享图像。C－X5 设置有运动相机互联模块，用户可以在车辆内外的指定位置装载运动相机，网络互连之后便可利用方向盘进行控制，在车辆行进过程中完成即时抓拍。如果用户希望在第一时间与自己的朋友分享照片，可一键上传网络或自己的朋友圈。②与其他智能设备互联。C－X5 可与智能手机、智能手表，智能平板和无人机等智能设备互联，实现内容感应、连接和互动。如与移动智能手机互联后，可通过手机远程控制 C－X5，包括控制空调系统和控制导航系统等，同时还能够在移动智能手机和 C－X5 之间进行文件传输和内容推送。③足够的内容扩展空间。考虑到未来还会有更多种类的智能互联产品出现，内容创新成果也会不断涌现，C－X5 及 YunOS 系统预留了足够的物理和系统接口，车主可以将新内容接入系统中。

（四）D 集团 D－phone8 的内容个性化

内容优化方面：①EMUI 系统升级和优化。系统升级有在线升级和电脑升级两种方式，在线升级为自动升级，电脑升级则需要借助手机助手，手机连接至电脑后手机助手会自动开启检测新版本，将升级软件安装包传输到手机后重启便可进入升级界面。系统优化有一键优化和病毒查杀两种方式，一键优化可一键清理应用缓存、系统垃圾、优化系统性能及清除安全隐患，使手机运行更加顺畅；病毒查杀则可一键扫描并清除手机中的风险软件和病毒，通过点击安全补丁可在联网状态下搜索并修复系统安全补丁。②文件、图片、信息和界面优化。文件优化方面，使用文件管理的排序功能，可以按照文件的类型、名称、大小或时间排序，让文件排列更有序；图片优化方面，D－Phone 8 的智能云图能够基于人脸/美食识别技术自动整理图库图片，实现人脸识别精准分类；信息和界面优化方面，由网络运营商、银行等发送的通知类信息会被自动归类到一个信息列表中，界面应用程序图标也能够实现优化排列。③内容呈现优化。用户可以设置简易桌面和更改显示字号，简易桌面采用大图标和大字体样式，更方便老年人使用。④通讯录优化。为避免出现重复条目，用户可以合并重复联系人，将同一个联系人的多种联系方式全部合并到一条记录中；另外，用户所添加的每一条通讯录，均会按照拼音顺序自动排列，便于快速查找联系人。⑤应用、小说、音乐、视频、游戏等内容的实时更新。D－phone 8 的应用市场、视频中心、游戏中心等资源库拥有数量庞大的 App、优质游戏和热播影视剧，这些网络资源都能够实时更新。

内容推荐方面：①信息推送。最新资讯、热点新闻、下载信息、系统升级和软件更新等各类信息会在第一时间推送至通知面板，用户也可以在锁屏界面查看推送信息。②序列推荐。D 集团的人工智能系统时刻收集和记录用户的消费信息，向个人用户提供各类消费排行数据，如 D 应用市场中的游戏排行、应用排行和上升最快等推荐模块；D 音乐中的排行榜、乐迷最近热播和流行时下热门等推荐模块；D 视频中的全网热播、热点、热门综艺等推荐模块。③偏好推荐。根据用户的点击、浏览记录向用户推荐内容，如 D 应用市场中的精品应用、本周亮点、耀星精选和同型机用户喜爱等推荐模块；D 音乐中的你可能也喜欢和你可能喜欢的歌手等推荐模块；D 视频中的猜你喜欢和附近的人都在看等推荐模块。④活动推荐。以营销为目的的推荐方式，如 D 应用市场中的大家都在用和你可能会喜欢等推荐模块；D 音乐中的精选音乐 EM、福利和最新音乐等推荐模块；D 视频中的院线大片和最新上线等推荐模块。。

内容定制方面：①主屏幕定制。用户可在主屏幕编辑模式下设定默认主屏幕、移动主屏幕、增加主屏幕和删除空白主屏幕，也可以管理主屏幕小工具和图标，如添加小工具、移动小工具或图标、删除小工具或图标、创建文件夹和隐藏应用程序图标。②信息、文件和通讯录编辑。信息编辑方面，用户可以加密、转发、删除、复制、收藏和锁定信息；文件编辑方面，用户可以查看、分享、复制、删除、压缩或解压缩文件，将私密文件锁到保密柜，在手机上访问电脑的共享文件；通讯录编辑方面，用户可以编辑、删除、查找和收藏联系人，也可创建群组、删除群组、给群组发信息或电子邮件。③内容搜索。用户可以查找指定的应用程序、最近使用的应用程序、隐藏的应用程序和最近使用的应用程序。④照片和视频编辑。用户可以选择多种拍摄模式来拍照和录制视频，还可以整理照片和视频，包括分享照片或视频、将照片和视频上传到云相册、从云相册下载照片和视频、将云相册的照片和视频分享给他人等。⑤其他内容的定制。如随意更改桌面皮肤、图标风格和字体等元素；将心仪的图片或照片设置为手机壁纸；下载手机铃声来进行铃声定制和定制联系人等。

内容扩展方面：①音乐扩展。D音乐不仅支持本地音乐的播放，还提供了在线音乐模块；D音乐在线曲库与电信爱音乐、联通沃音乐和移动咪咕音乐商合作，插入不同的运营商SIM，在线曲库就会呈现对应移动、联通和电信曲库的内容。②视频扩展。D－phone 8与好莱坞、华谊兄弟、环球影视、天音传媒等国内外影视剧公司达成协议，用户可以在D频内容模块上观赏这些公司提供的最新影视作品。③生活服务。D生活服务平台提供了在线充话费流量、在线购电影票、在线订酒店、在线订机票、缴水电费和快递查询等内容服务。④运动健康。这是D－phone 8独有的健康内容模块，用户可以在此对自己的血糖、血压和体重情况进行检测，了解自身健康状况；另外，各种运动时的心率、睡眠质量等指标也可以得到有效监控。⑤手机服务扩展。用户在使用手机时遇到问题或是手机出现了故障，都可以开启D手机服务来寻求帮助，D－phone 8提供智能问答或服务网点信息的方式，快速帮助用户解决问题。⑥D钱包。D钱包提供了话费充值和手机预约等在线服务，用户可以通过D钱包来管理自己的银行卡，实现移动支付的开通和关闭、手机话费充值以及相关的内容查询等。

表3－3是上述A－55、C－X5、B－watch 4和D－Phone 8产品在内容个性化方面情况的总结归纳，从中我们可以进行比较分析。

表3－3　案例对象产品的内容个性化总结

产品	A－55	C－X5	Tiwatch 2	D－Phone 8
内容优化	用户界面优化；系统的优化和更新；对缓存文件进行清理	内容更新和优化；YunOS系统更新；车况信息监测；内容呈现的优化；手动对地图进行更新	不定期对系统、语音、电话、表盘和用户端等内容进行优化	系统优化；内容陈列方式优化；内容呈现优化；通讯录优化；内容的实时更新
表现	★★★	★★★★	★★	★★★★
内容推荐	用户偏好推荐；用户点击排行推荐；最新和热门推荐；最优惠推荐；应用点赞	操作和偏好推荐；优惠推送；安全驾驶内容推荐；车辆保养信息提醒	信息智能推送；常用应用推送	消息推送；精品推荐；下载排行；最新上架；排名上升最快；每日一荐；热门推荐；综合评分；猜你喜欢
表现	★★★	★★★	★	★★★★★

续表

产品	A-55	C-X5	Tiwatch 2	D-phone 8
内容定制	主题桌面定制；个性化更换壁纸；添加或删除应用；内容搜索和收藏	在线查询车位；预约车位；地址搜索；多选项以供用户选择	电子表盘定制；内容搜索	主屏幕定制；信息、文件和通讯录编辑；内容搜索；照片和视频编辑；更改主题风格；更改壁纸；手机铃声定制
表现	★★★	★★★	★★	★★★★★
内容扩展	Geek Max 影视；Pod 音乐；Box 游戏；Edu 教育；Mall 商城；Travel 旅游	自定义拍摄和实时共享图像；与其他智能设备相互感应、连接和互动，实现内容传输和共享；预留了足够内容扩展接口	应用商店；心率监测；Tic 健身	D 音乐；D 视频；D 应用市场；D 生活服务；D 运动健康；D 手机服务；D 钱包
表现	★★★	★★★★	★★	★★★★★

注：★★★★★：很好；★★★★：较好；★★★：一般；★★：较差；★：很差。

资料来源：笔者整理。

二、用户体验的探索性指标及案例分析

本书借鉴 Morville（2005）、Molinillo（2012）、Li KC（2015）、杨若男（2007）和宁连举等（2012）学者的研究成果，利用分类导航设计清晰合理、色彩搭配协调赏心悦目、界面布局合理主次分明、外观感觉舒适和温馨等指标表征用户感官体验；用不易出错、运行或加载速度快、交互方式好用等指标来表征用户交互体验；采用功能强大令人满意、提供的新功能很有用、内容和种类非常丰富等指标表征用户功能体验。

（一）A-55 的用户体验

感官体验方面：①设计风格简洁，视觉冲击力强。A-55 采用全金属拼接的边框包边设计，表面经拉丝处理，金属质感突出，倒三角浮框的设计风格给人以画框的艺术美感；背板设规划如一，材质经磨砂处理，避免传统电视抛光外壳带来的手纹残迹；底座采用双 V 字形镂空设计，镀以冷银色彩，与整体色调相得益彰。②色彩自然，画面细节处理较好。A-55 采用了四色 4K 屏幕，提高了整体亮度，使得画面表现更加自然和谐，画面色彩还原自然，饱和度高，对于复杂画

面细节的处理也比较好。③轻量级界面设计。界面采用轻量级设计，而非将各种元素堆积在一起，能够缓解视疲劳；A－55 系统采用横屏滚动显示，界面内容分类详细，用户使用起来更加方便快捷。

交互体验方面：①系统操作界面简易。A－55 系统设计逻辑清晰，以主流的卡片式呈现模式将功能模块呈现出来；前后路径关系明晰，操作门槛低，老人和孩子都能够很快掌握。②多种交互模式，操作方便。A－55 支持遥控器、手机、手柄、键盘、语音等多种操作，如通过手机 App“电视派”操作，通过关注微信公众号“酷开电视派”来进行电视的语音、操控和影视点播等。③操作运行和反馈速度较快。整个界面极为流畅，页面转换几乎都在零点几秒之间；软件安装和卸载速度极快，下载的近 100 兆的游戏只需用 3 秒钟时间，卸载则是几乎不到 1 秒就可完成。④体感控制动作有所延迟。体感控制主要用来玩游戏，通过电视顶置的摄像头来实现，如玩“羽毛球”或“捕鱼”游戏，用户在电视机前做拍打或抓捕动作，在游戏中就会出现相应的动作。遗憾的是，与游戏室里专门的体感游戏设备相比较，A－55 的体感游戏并不占优势，一些动作会有所延迟，同时体感功能切换频道的话还是比较费劲的。

功能体验方面：①多媒体播放功能比较强大。A－55 所支持的多媒体格式种类丰富，几乎涵盖了所有格式；视频解码能力也令人满意，即便是要求最高的 TS 格式也具有很好的流畅性，高速画面也没有出现拖影的情况。②在线购物功能安全方便。A－55 较好解决了大屏显示带来的购物跳转页面的不便，购物分类详细，有效帮助消费者快速定位其意愿购买的栏目上，省却不少时间在页面跳转上；A－55 内置苏宁易购平台，只要登录个人账号，就能自动加入你在 PC 端口设置的地址，可以直接用手机付款，既方便又安全。③酷游吧功能体验较佳。酷游吧拥有数量丰富的游戏内容，除了移动手机上常见的网络游戏之外，各种需要专业操控装置才能实现的游戏也出现在酷游吧上，游戏爱好者只需配置有相应的游戏手柄和体感道具，便可在户内体验游戏的乐趣。④“智能”方面不突出。相比其他的智能电视，在功能方面只能算是中规中矩，传统电视的播放视频、电视游戏等基本功能都具备了，但“智能”方面并不突出。只是增加了网络购物、App 下载安装等互联网因素，与行业其他智能电视相比不具有优势，比如行业做得比较好的智能电视乐视 X60 系列，就具有播放记录、乐拍、远程推送、远程下载等智能化功能。

（二）B－watch 4 的用户体验

感官体验方面：①外观精美。B－watch 2 采用全圆形表盘设计，外观线条精简，表盘大小42毫米，表盘玻璃比金属前盖身高了0.5毫米，采用45度切角，滑过边缘会有轻微的落差感，让手指能感知到屏幕触控的位置，设计比较巧妙。②表带设计略有不足。表带方面，悦动版的表带是偏软略带粉的硅胶材质；经典版几乎都是皮表带，戴着会更加透气舒服，但湿水或者被汗液浸泡后的感觉不会太好；金属表带耐用耐新，但重量大（卡扣处甚至比表身还重），接合处容易藏污纳垢。③系统亲和美观。B－watch 2代搭载了最新的B－watch 4.0操作系统，比起第一代的B－watch，在界面设计上有所增强，应用图标上采用了更为扁平化的设计，同时色彩上也更为亲和；内置表盘的数量也更为丰富，精致而又美观。④兼容性不够。在系统和App兼容性方面，少部分App对B－watch 4支持不好，会有显示错位甚至无法安装的问题。在使用中，还发现有点不开大图、发出的语音PC端微信点不开的（提示已损坏）、默认打开“亮屏不推送”（手机屏幕点亮就不会推送）、从AW模式回退会导致部分App闪退等问题。

交互体验方面：①智能语音交互。B－watch 4采用了领先中文智能语音交互技术，无须按特定规则说话，用户完全可以按照自己日常口语方式下达指令，做到了自然语音交互。操作过程中，只需对手表说“你好问问”，语音界面就会被唤醒，无须其他按键或者滑动操作。语音交互具有较高的语音识别度，实际识别速度也较快，几乎没有停顿就能完成识别。唯一的缺陷就是缓冲时间很短，得提前想好要问的内容，否则话没说完，机器就跑去搜索了。②手势交互。除了语音交互之外，B－watch 4还能识别用户的一些基本动作并能快速识别。B－watch 4提供了一些基本的手势操控指令，例如翻一下手腕，语音界面唤醒，用手遮住屏幕B－watch 4便自动熄屏等，使用较为方便。此外，B－watch 4还在B－watch的基础上升级了全新“挠挠”交互，在避免遮挡表盘信息的同时，也为用户与手表的交互带来了新体验。

功能体验方面：①语音回复微信功能。打开AW模式（Android Wear），无论是在跑步、开车还是在寒冷的冬天户外行走，用户无须停下脚步掏出手机便可以即时回复语音信息。但在调查中发现，AW模式耗电会严重很多，按机型和使用状态不同，手表和手机的续航可能都会削弱2%～30%。②信息查询和消息推送功能。B－watch 4和国内的各大移动数据内容供应商签署了合作协议，用户可以利用这些数据平台来进行信息查询，如查询附近的美食餐厅、今日的天气情况、最新的影视资讯等，甚至B－watch 4还能够给用户推送笑话来打发无聊时间。不过这些功能智能手机完全胜任，相对来说手表的小屏幕不利于查看，这让该功能变得有些鸡肋。③语音功能。除了简单的语音控制和操作之外，B－watch

4 还能实现多轮语音交互，手表不仅能听懂话，还能与用户对话。另外 TTS 语音播报也很实用，用户可以倾听天气情况、多国语言翻译等结果，甚至无须查看手表屏幕，就能轻松获取信息。

（三）C－X5 的用户体验

感官体验方面：①外观设计方案优雅。C－X5 外观采用了全新的律动设计方案，车辆外观时尚大气，并有多种个性颜色供用户选择；C 柱采用豚跃设计，饱满有力；尾部采用内切燕尾设计，整个尾翼与流畅的 C 柱连为一体，而贯通式的尾箱饰条拉伸了整个视觉空间，也提高了整体外观品位。②内饰简约，科技感强。C－X5 内饰设计虽然看上去比较简约，但用料比较厚道，就算是手动两驱精英版（入门车型），用料和工艺也不亚于各大合资品牌的产品；中控台采用 10.4 寸全高清电容屏，文字图像清晰、触控灵敏、画面切换顺畅，显得科技感极强。③基础服务和基础流量终身免费，显示出诚意。针对移动互联产生的网络流量问题，C－X5 承诺 YunOS 系统升级所产生流量终身免费，车辆运行过程中所产生的在线导航、互联网应用服务（如维修预约、保养预约和呼叫中心等）流量终身免费，直接提升人们对 C－X5 的感官。

交互性体验方面：①系统界面直观易懂。C－X5 的系统操作相对比较简单，其 YunOS 系统是基于 Android 系统优化开发的，习惯于 Android 手机的用户可以很快掌握和适应。②交互方式多样化。C－X5 中控屏幕没有物理按钮，除了支持手写输入和触摸控制之外，还支持拼音和语音输入等；手写输入的识别度不错，但是需要多一步手动选择备选字的操作，习惯了手写完自动跳字的用户需要适应一下。③语音控制功能强大。C－X5 采用了智能的语音交互技术，可以很好地识别用户语音指令；C－X5 还支持语音开启、关闭天窗，语音识别度较高，指令不是固定的，多一个字少一个字，或者颠过来倒过去说都可以，系统能够自动识别。C－X5 中控屏幕没有物理按钮在某些时候会给用户带来一些麻烦，但其设计初衷就是让用户改变常规的使用习惯，多运用语音技术来保障行车安全。用户只需和系统说“有点热”或“温度上调一点”等类似的话，系统就能够自动上调或下调 1℃；如果觉得速度太慢，也可以直接和系统说“请将温度调节至 XX 度”，温度便能一步到位。

功能体验方面：①传统功能更为强大。由于嵌入了互联网模块，C－X5 可以让汽车的一些传统功能更为强大。如在导航方面，其内置的导航地图能够达到高精准度定位的水准，行车过程中车辆的定位精度很高，可以精确显示在第几条车道上。②提供多种实用功能。C－X5 提供了一系列较为实用的功能，如车主手机

App 远程授权开车，若车主手机和授权手机都装载了 YunOS 的 App，那么在授权手机持有人没有车钥匙的情况下，车主手机可以通过 App 授权给对方开车门的权限；又如预约保养功能，用户可通过“车辆状态”内容模块在线预约附近的 4S 店进行汽车保养，若预约对象订单已满，C－X5 会及时告知用户并推荐另外一家 4S 店。③个性化定制服务。与阿里巴巴合作，C－X5 可以借助支付宝、淘宝大数据更好地实现用户的个性化定制服务，如路过用户喜欢的咖啡店时它会自动提醒；前方的商场有优惠活动，系统会提前告知；车没油了，也会告诉用户最近的加油站。

（四）D－Phone 8 的用户体验

感官体验方面：①外观简洁大方。D－Phone 8 在机身材料选择和加工工艺上下了很大功夫，其航空铝材的一体化金属机身先后要经过 52 道加工工序，机身金属色泽柔和；在保证屏幕尺寸保持 6 英寸的同时，加入无边框设计，屏幕黑边大大减少，让用户感觉到屏幕更为宽广。②触感上佳。D－Phone 8 的全金属机身采取微米级表面处理，背面则采用柔性喷砂工艺，手感舒服，握感极佳；左手食指能够正好覆在指纹识别处，圆形指纹识别下凹提升到 0.45 毫米，增大了指纹识别面积。③视觉效果好。分辨率为 1920×1080，屏幕密度达到了 368ppi，比竞争对手苹果 8 的 326ppi 相比高出不少，看上去非常舒服。④屏幕及导航效果佳。D－phone 8 横竖双屏效果自由切换，实用性强，搭配上外部输入插件，手机就变成一个小型电脑；另外，横屏之后，手机下面常用的五个图表移动到右侧布局，底部的触摸按键底纹变成黑色，方便用户使用。

交互体验方面：①手势控制简单。D－Phone 8 提供了一些简单好用的控制手势，如翻转手机便可使来电和闹钟瞬间变成静音；如果觉得声音太大，抬起手机声音就会慢慢变小等。②触屏操作较为好用。可以使用简单的动作在触摸屏上操作手机，过程灵敏流畅。如在任意界面只需要用指关节双击屏幕即可截取所选屏幕；双指关节敲击屏幕，即可开始录制屏幕操作过程；在主屏界面用画出字母 C 就可以打开照相机，画出字母 M 就可以打开音乐等。③多种文本输入方式。包括百度输入法 D 集团版、D 集团手写输入法、D 集团 Swype 输入法、Android 输入法等。其中 D 集团自主研发的 Swype 输入法操作简单，键盘大小和方位可以手动调节，能够提升单手操作体验。④语音识别系统强大。D－Phone 8 支持英、法、德、意大利、葡萄牙、西班牙和俄语等 7 种外语，其语音智能支持通过语音识别功能进行手机操控，根据这个功能，用户可以语音接听或拒接电话。

功能体验方面：①拍照功能。D－Phone 8 采用索尼最新的摄像头，能够达到

1600 万像素的拍摄效果；在摄像芯片上添加了独立的 ISP 模块，能够实现更快的对焦；拍照趣味性方面，D－Phone 8 在保留旧版的流光快门、延时摄影以及在线翻译和智能识物等模式之外，新增了慢镜头播放功能。②快充功能。D－Phone 8 在 10 分钟内就可为 4000mAh 电池充入了 12% 的电量，不足 1 小时可达到了 60% 的电量，2 小时内充满，效果令人满意。D－phone 8 本身配备超级省电模式，在电量低于 10% 的情况下，手机会自动提示开启省电模式。经测试剩余的 10% 电量可以播放视频长达 45 分钟，效果令人满意。③通话功能。用户可以利用拼音搜索快速找到通讯对象并进行拨号；在通讯录中加入黄页功能，在需要的时候用户很快就能找到附近的医院、银行和酒店等联系号码；D－phone 8 在还可以实现名片扫描，收到名片后用户只需一扫就能录入通讯录中。④安全功能。D－phone 8 引入了防伪基站技术，识别伪基站诈骗短信并及时提示，可以帮助用户识别超过 1000 万个陌生电话（不含私人电话）；D－phone 8 还具有防刷机功能，注册使用 D－Phone 8 账号并开启手机找回功能后，手机就会把账户新机及手机的状态私密信息会自动加密放到安全 OS 中，如果手机丢失被盗，即使恢复出厂设置，没有 D 集团账号与密码，手机也无法使用。⑤全向性录音功能。全向性录音支持会议、采访、普通三种录音模式，可以根据用户不同场景的需要重点录制不同方向声音，例如在会议模式下，D－phone 8 可以辨别声音的来源和方向，内置的智能模块则可以增强特定方向的录音效果。⑥云储存功能。为了帮助用户更为方便地整理自己拍摄的照片和所下载的图片，D－phone 8 增添了“云相册”功能项，手机图片能够即时化同步保存到云相册上，即便是用户换机或是手机发生丢失，还可以通过云相册快速恢复。

表 3－4 是上述 A－55、C－X5、B－watch 4 和 D－Phone 8 产品在用户体验方面情况的归纳总结，从中我们可以进行比较分析。

表 3－4　案例对象产品的用户体验总结

产品	A－55	B－watch 4	C－X5	D－Phone 8
感官体验	简洁设计风格，外观有较强视觉冲击力；4K 屏幕使得画面表现自然和谐；界面不拥挤，有呼吸的空间	外观线条精简；界面扁平化设计，色彩亲和；兼容性较差	设计方案优雅；内饰简约，中控大屏幕设计，科技感强；基础服务和基础流量终身免费，诚意十足	外观简洁大方；色彩饱和度极高；一体化金属机身，视觉和触感表现出色；2.5D 弧面玻璃看上很舒服；桌面主题风格与机身完美衬托

续表

产品	A-55	B-watch 4	C-X5	D-Phone 8
表现	★★★	★★	★★★	★★★★
交互体验	操作简易，容易上手；多种交互模式，操作方便；界面流畅，运行速度较快；体感控制动作有所延迟	手势操控识别速度快；"挠挠"交互较为好用	YunOS 系统界面直观易懂，便于操作；提供手写输入、触摸控制、拼音输入和语音控制等多种交互方式，语音操作简单	系统操作简易，容易上手；手势控制简单；触屏操作较为好用，运行速度较快；多种文本输入方式，可以轻松转换；语音识别系统强大
表现	★★★	★★	★★★★	★★★★
功能体验	多媒体播放功能比较强大；大屏幕在线购物体验佳；酷游吧较强；总体"智能"方面并不突出	接收和语音回复微信方便，但耗能严重；信息查询和消息推送功能有些鸡肋	导航定位精度很高；车主手机 App 远程授权操控汽车，较为方便；与阿里巴巴合作，可更好实现个性化内容服务	拍照功能智能；快充功能表现突出；通话功能更为好用；安全功能让人放心；全向性录音功能极为实用；云储存功能可以加分
表现	★★	★★	★★★★	★★★★

注：★★★★★：很好；★★★★：较好；★★★：一般；★★：较差；★：很差。

资料来源：笔者整理。

三、用户价值的探索性指标及案例分析

本书借鉴相关学者的研究成果，采用用户满意度、产品口碑、品牌信任和产品销量等指标来表征用户功能体验。

（一）A-55 的用户价值

A-55 刚上市时售价 4999 元，到了 2015 年底，其价格就降到了 3699 元，在国内相同配置的 55 寸智能电视中处于中下游水平。例如，同期的海信 LED55EC760UC 和乐视超 4X55 价格均为 4999 元，小米电视 3 价格为 4199 元，长虹 55Q3T 价格为 5284 元。凭借低廉的价格，A-55 在 2017 年的"双十一"活动中表现优异，成为天猫销售渠道的爆款，单日销量达到 16000 台。在中关村在线 55 寸智能平板电视用户推荐排行中，A-55 排在了第四位，仅次于三星 UA55KS9800、海信 LED50EC520UA 和乐视超 4 X55 Curved。A-55 的市场表现一定程度上带动了 A 集团品牌的提升，在基于用户评价的中关村在线热门智能平

板电视品牌排行榜中，A 集团品牌综合评分为 85.0 分，排在了第 5 名；品牌占有率 4.6%，也排在了第 5 名；品牌好评率 80.0%，排在第 7 名。A 集团与其他品牌智能平板电视的对比情况如表 3 - 5 所示。

表 3 - 5 A - 55 与其他品牌智能平板电视的对比情况

排名	品牌	品牌综合评分	品牌占有率（%）	好评率（%）
1	LG	99.3	18.0	86.0
2	三星	99.1	17.6	92.0
3	海信	91.4	11.3	88.8
4	TCL	90.5	9.3	91.2
5	A 品牌	85.0	4.6	80.0
6	乐视	81.2	3.4	86.2
7	小米	68.0	1.3	81.0

数据来源：中关村在线，笔者整理。

除了品牌、用户推荐和满意度等方面的价值之外，A - 55 还为用户提供了会员专区，内置高清影视收费内容模块，费用从几元到十几元不等。如果不愿意单独付费，用户也可以选择成为腾讯视频 VIP 会员，费用 1 个月 20 元，三个月 45 元，一年 168 元。通过 VIP 内容收费，A - 55 创造了一部分智能电视的消费使用价值。

（二）B - watch 4 的用户价值

B - watch 采用线上销售模式，第一代 B - watch 取得了较大成功，2017 年 6 月新品发布当月销量超 10 万元，虽然远不及苹果、Moto360 及三星，但在国内品牌中销量第一。比起上一代 B - watch 来说，B - watch 4 销量有所下滑，这虽然与智能手表行业绩效整体下滑有关，但与国内品牌竞争力提升也有关系。在中关村在线网站热门智能手表推荐排行榜中，B - watch 4 排在了第 20 名，甚至远远落后于上一代 B - watch 的第 9 名。

由于主要是线上销售，B - watch 4 品牌知名度一般，比起华为、佳明和 360 等国内品牌也略有不足。在 2017 年中关村在线智能手表品牌排行榜中，B - watch 4 与其他品牌的对比如表 3 - 6 所示。

表 3-6 中关村在线热门智能手表品牌排行榜

排名	品牌	品牌综合评分	品牌占有率（%）	好评率（%）
1	苹果	94.0	28.6	82.0
2	华为	91.3	20.8	83.0
3	三星	84.1	7.9	80.0
4	Moto	77.7	4.0	81.0
5	佳明	77.3	3.6	95.0
6	360	77.3	3.5	88.0
7	B - watch	75.4	3.0	80.0
8	Withings	73.1	2.1	82.0
9	LG	69.5	2.0	88.0

数据来源：中关村在线，笔者整理。

（三）C-X5 的用户价值

C-X5 于 2017 年 7 月上市，指导价格为 9.98 万～18.68 万元，与国内主要竞争对手相比较价格略高，但 C-X5 上市就受到消费者的欢迎，成为国内 SUV 史上最快速度突破 2 万销量的汽车产品。获得上市 3 个月销量突破 5 万辆，连续 4 个月销量破 2 万辆，全年销量突破 9 万辆的好成绩。2019 年 1 月，C-X5 销量仍然突破 2 万辆，同比增长 71%。在销量增加的同时，C-X5 逐渐获得用户认可，在国内同级别 SUV 中口碑良好，C-X5 及其竞争对手口碑如表 3-7 所示。

表 3-7 C-X5 及其主要竞争对手的对比

产品	C-X5	哈弗 H6	长安 CS75	传祺 GS4	吉利博越
售价（万元）	9.98～18.68	8.88～13.98	9.28～15.88	9.98～16.18	9.88～15.78
汽车之家口碑	4.49	4.21	4.37	4.34	4.55
易车网口碑	4.79	4.16	4.61	4.83	4.89

数据来源：汽车之家和易车网，笔者整理。

C-X5 所创造的佳绩带动了整个 C 集团品牌的爆发，C 品牌名下的各款汽车销量都在不同程度上得到提升。按照中国汽车流通协会和中国汽车工业协会所提供的数据，2017 年我国车市整体增长速度仅为 6%，但 C 集团发布的 2017 年公司销售业绩数据显示，C 品牌汽车全年增长的幅度超过 144%，是国内所有中国品牌汽车中成绩最好的，另外，按搜狐汽车所提供的数据，C－X5 的用户有超过40%是由合资品牌的用户转化过来，甚至不乏宝马、奔驰等豪华品牌的用户，这说明了 C－X5 已经得到了市场和用户的认可。

（四）D－Phone 8 的用户价值

D－phone 8 在 2017 年 6 月刚推出市场便受到了消费者欢迎，2017 年 7 月单月销量就突破了 100 万部，被评为获中关村在线 2017 年度卓越科技产品大奖；在 2018 年 3 月 D－Phone 9 发布前夕，D－Phone 8 的累计销量达 680 万部。D－phone 8 的优异表现带动了 D 集团智能手机的整体爆发，市调机构 Gartner 了公布的 2017 年全球手机销量排行榜中（如表 3－8 所示），全球手机市场前 6 大厂商的销量达到 9.67 亿部，超过整个市场的六成。三星第一，年销量达到了 3.5 亿部；第二还是苹果，年销量达到了 2.1 亿部；D 集团的销量 1.39 亿部排在了第三位。

表 3－8　2017 年全球手机销量排行榜

品牌	2017 年第四季度		2017 年第三季度		2017 年总销量（部）
	排名	市场份额（%）	排名	市场份额（%）	
三星	1	22.3	1	24.3	3.5 亿
苹果	2	12.9	2	15.0	2.1 亿
D 品牌	3	9.1	3	9.2	1.39 亿
OPPO	4	6.1	4	5.6	0.98 亿
LG	5	5.7	5	5.4	0.9 亿
BBK/VIVO	6	5.2	6	4.7	0.8 亿
其他	—	38.7	—	35.9	—
总销量（部）		3.497 亿		3.168 亿	9.67 亿

数据来源：Gartner，笔者整理。

在国内知名 IT 网站中关村在线 2017 年 11 月的热门智能手机品牌排行榜上，D 集团以 96.6 的品牌综合评分排在第三位，品牌占有率和好评率分别为 11.8%和 92.5%，分列第三和第二位，具体情况如表 3－9 所示。

在国内各大电商平台上，D－Phone 8 也获得了用户好评。如在京东商城提供的用户评论数据显示，D－Phone 8 好评率达到 98%。用户对 D－Phone 8 的总体评价包括操作系统运行流畅、触控操作反应快外、电池续航时间长和观漂亮大方等；而在苏宁电商平台所提供的用户评论数据中，D－Phone 8 好评率更是达 99%，用户普遍认为 D－Phone 8 性能强大、运行流畅、拍照效果好和握持感好等。

表 3－9　中关村在线热门智能手表品牌排行榜

排名	品牌	品牌综合评分（分）	品牌占有率（%）	好评率（%）
1	苹果	97.9	15.6	96.2
2	三星	96.7	13.7	90.0
3	D 品牌	96.6	11.8	92.5
4	OPPO	95.4	11.5	91.8
5	vivo	92.9	11.2	90.0
6	LG	90.4	6.7	87.6

数据来源：中关村在线，笔者整理。

与 A－55 智能电视一样，除了品牌、用户推荐和满意度等方面的价值之外，D－Phone 8 也为设置了相关的付费内容消费模块，如 D 生活服务、D 视频、D 音乐和 D 应用市场等，用户可根据具体需求有偿消费。

综上所述，各案例产品的用户价值情况归纳总结如表 3－10 所示，从中我们可以发现差别。

表 3－10　案例对象产品的用户价值对比

产品	用户价值	表现
A－55	2017 年双十一天猫销售渠道爆款产品，单日销量达到 16000 台；在中关村在线 55 寸智能平板电视用户推荐排行中排在第四位，在线热门智能平板电视品牌排行榜中排在了第 5 名，品牌占有率 4.6% 排在第 5 名，品牌好评率 80.0% 排在第 7 名；会员专区置有高清影视收费内容模块	★★★
B－watch 4	比起第一代 B－watch 来说销量有所下滑；在中关村在线网站热门智能手表推荐排行榜中排在了第 20 名，甚至远远落后于第一代 B－watch 的第 9 名；品牌知名度一般，比起华为、佳明和 360 等国内品牌也略有不足	★★
C－X5	国内 SUV 史上最快速度突破 2 万辆销量的汽车产品；在国内同级别 SUV 中口碑良好；2017 年增速最快的中国品牌，远超车市整体增长速度；超过 40% 的 C－X5 用户，由包括豪华品牌在内的合资汽车车主转化而来	★★★★

续表

产品	用户价值	表现
D－Phone 8	Gartner了公布的2017年全球手机销量排行榜第三位；中关村在线2017年11月的热门智能手表品牌排行榜96.6的品牌综合评分排在第三位，品牌占有率和好评率分别为11.8%和92.5%，分列第三和第二位；京东商城中D－phone 8好评率达到98%，苏宁易购平台更是好评率达99%；被评为获中关村在线2017年度卓越科技产品大奖；累计销量达680万部；设置有付费内容消费模块	★★★★★

注：★★★★★：很好；★★★★：较好；★★★：一般；★★：较差；★：很差。

第六节　案例间比较及命题提出

前一小节对每一个案例的用户价值情况进行了详细描述，并根据各企业产品在各自行业内的表现水平对内容优化、内容定制、内容推荐、内容扩展、感官体验、交互体验、功能体验和用户价值进行了评判和编码，分为很好、较好、一般、较差、很差五个等级，编码结果如表3－11所示。从表中我们可以推断出内容优化、内容定制、内容推荐、内容扩展、感官体验、交互体验、功能体验、用户价值各变量之间的相关关系和因果关系，提出初始的研究命题。

表3－11　案例产品内容个性化、用户体验与用户价值的编码汇总

产品		A－55	B－watch 4	C－X5	D－Phone 8
内容个性化	内容优化	★★★	★★	★★★★	★★★★
	内容推荐	★★★	★	★★★	★★★★★
	内容定制	★★★	★★	★★★	★★★★★
	内容扩展	★★★	★★	★★★★	★★★★★
用户体验	感官体验	★★★	★★	★★★	★★★★
	交互体验	★★★	★★	★★★★	★★★★
	功能体验	★★	★★	★★★★	★★★★
用户价值		★★★	★★	★★★★	★★★★★

注：★★★★★：很好；★★★★：较好；★★★：一般；★★：较差；★：很差。

一、内容个性化与用户价值

从表3－11可以看出，总体来说产品内容个性化程度能够正向影响用户价值，这一理论预设得到了验证。产品内容个性化程度越高，用户价值表现越佳；产品内容个性化程度越低，用户价值表现也不好。

从内容优化方面看，D－Phone 8和C－X5不仅能够在多个方面都能实现内容优化，而且优化的内容能够体现出各自产品的属性特点，如C－X5在车况安全内容方面的个性化，正是用户在驾驶汽车时的主要关注点；D－Phone 8的内容呈现优化，也是移动智能手机使用过程中最具个性化特点的方面，因此两类产品均创造了较高的用户价值。A－55产品和B－watch 4内容优化程度一般，相对来说B－watch 4的表现较差。尽管B公司每个月都会在B－watch 4社区网页上公布更新日志，从系统、语音、电话等方面给出优化提示，但其优化内容多是系统缺陷和产品漏洞的修复，主要针对的是元数据类内容，缺乏信息类内容的优化。元数据类内容优化用户不但不易感知，反而会让用户觉得B－watch 4产品和系统缺乏稳定。当智能互联产品内容优化程度较高时，用户可以根据自己的需要时常对系统、软件和其他方面的内容进行更新或重新设计，确保产品的性能始终处在一个较佳水平，用户在操作过程中会获得满足感，增强使用意愿，创造用户价值。

在内容推荐方面，D－Phone 8个性化程度最高，该产品可以给用户提供多种方式和类型的内容推荐，方式上包括按用户偏好推荐、按历史浏览信息推荐和相关内容推荐等多种方式；类型上则是所有的手机内容类型都可推荐，包括网页、图片、音乐、视频和应用等，为用户节省了大量的内容搜索时间。C－X5和A－55内容推荐水平一般，相应的其用户价值表现也比D－Phone 8差。B－watch 4的内容推荐水平是最差的，仅能实现各种信息的推送，大大降低用户满意度和使用意愿，B－watch 4用户价值表现也说明了这一点。因此不难发现产品内容推荐对用户价值产生正向影响。

内容定制和内容扩展方面亦是如此，D－Phone 8和C－X5的表现相对要好，其用户价值表现也较好；A－55和B－watch 4表现不佳，其用户价值情况也不理想。因此，本书提出图3－4所示的初始研究命题：

命题1：智能互联产品的内容个性化程度对用户价值有正向影响。

二、内容个性化与用户体验

本书提出了内容个性化能够提升用户体验的理论预设，这个预设在四个探索

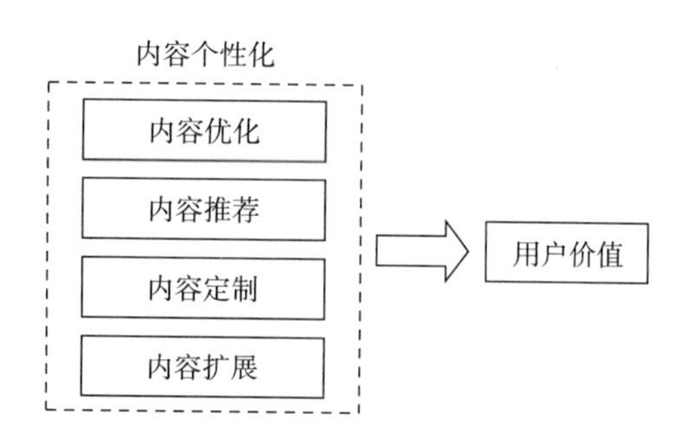

图3-4 内容个性化与用户价值关系

性案例中也得到了验证。从表3-8可以看出，智能互联产品的内容优化程度与用户体验正相关。如D-Phone 8和C-X5的内容优化程度较高，各自产品的整体用户体验也较优；A-55内容优化程度一般，其整体用户体验也一般；B-watch 4内容优化表现表现最差，整体用户体验也最差。就智能互联产品而言，企业在内容优化设计上的每一点付出，都能体现出企业对用户体验的重视，越是绩效卓越的企业越是注重产品细节方面的用户体验。如针对儿童使用父母手机这一点，D-Phone 8设计了儿童互动界面，通过设置儿童访问路径和应用权限，充分保护用户信息安全。此类细节方面的内容优化设计能让用户从感官上感受到企业的诚意，同时，优化方案也可作为一种新功能提供给用户，在使用新功能过程中增进了交互体验。相反的，对B-watch 4来说，狭窄的内容优化空间也限制了用户的感官、功能和交互体验。

在内容推荐、内容定制和内容扩展方面，表3-11也能看出智能互联产品的内容推荐、内容定制和内容扩展程度与用户体验正相关。除了C-X5在内容推荐和内容定制程度上和其用户体验表现不符（内容推荐和内容定制程度为一般，用户体验为较优），其他案例研究产品的内容推荐程度均与其用户体验表现相对应。因此，本书提出图3-5所示的初始研究命题：

命题2：智能互联产品的内容个性化对用户体验有正向影响。

三、用户体验与用户价值

本章理论预设中指出了智能互联产品用户体验对用户价值的影响，影响关系如图3-6所示。这一预设在四个探索性案例中得到了初步支持和验证。

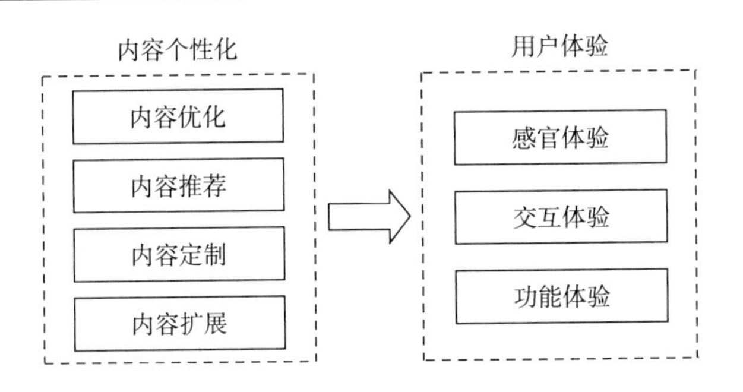

图3－5　内容个性化与用户体验关系

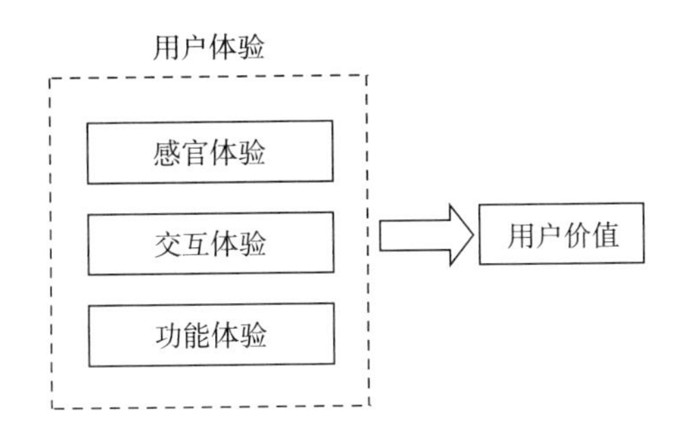

图3－6　内容体验与用户价值关系

从表3－11可以看出，用户对智能互联产品的用户体验越佳，则其所创造的用户价值越多；反之，用户对智能互联产品的用户体验差，其创造的用户价值就少。如D－phone 8和C－X5的用户体验各维度水平基本在较好以上（除了C－X5在感官体验一项上为一般之外，其他各项均为较好），相对应的他们的用户价值表现分别为很好和较好；而A－55和B－watch 4的整体用户体验水平都在一般水平以下，因此各自的用户价值表现亦不佳，其中B－watch 4的用户体验评价较A－55要差些，所以其用户价值表现是最差的。

用户体验展示了用户对智能互联产品外观、性能、功能等方面的感受，用户使用产品，就会产生用户体验。用户体验佳，对产品的满意程度就高；对产品越满意，对产品的评价就越高，不仅会产生持续使用的意愿，满意的用户还会形成口碑效应，为企业创造新的用户价值。因此，本研究提出以下初始研究命题：

命题3：智能互联产品的用户体验对用户价值有正向影响。

第四章　理论模型与假设

第一节　内容个性化与用户价值

一、内容优化与用户价值

优化意味着可以采取一定措施使得对象变得优异，或是为了在某一方面更为出色而去其糟粕。对于内容优化而言，简洁美观、充满亲和力的布局方案能有效引导用户视觉焦点，使用户在内容浏览或操作中产生审美愉悦，从心理上提高用户的使用意愿。Yee（2003）的研究表明，网页界面优化会增进用户使用意愿，他在传统列表式搜索界面的基础上，结合分面搜索技术对搜索界面进行优化，通过可用性研究验证了优化后的多面分类界面更易于理解，能够有效消除搜索系统结果为空的情况，同时支持用户的探索与发现，因此更容易获得用户青睐。

内容呈现方面的优化亦在一定程度上影响用户价值，可优化的呈现方式会让用户内容消费乐趣变得更为多样化。Brusilovsky（2006）以 Goggle Now 为例，探讨了卡片式内容呈现方案与传统内容呈现方案的区别，发现其优势在于允许用户根据自己的需要以时间流逻辑的方式对不同类型信息内容进行分隔；无论是邮件信息、航班信息还是天气信息，用户都可以自行选择呈现的位置及方式，这有利于用户对每一类信息内容进行管理，让用户更容易辨识出不同内容，也更为容易接受。

郝阔（2015）则证实了内容呈现方面的细微改进也有可能对用户产生影响。他发现，网页图片的边距与距离可以产生不同的风格，例如，相对于采用传统的矩阵式图片呈现方式，定宽而不定高的瀑布流呈现方式可以有效利用视觉层级来缓解视觉疲劳。用户能够在众多图片中快速地扫视而找到自己感兴趣的部分，从而提高图片浏览效率。

以上的网页界面优化、图片呈现方式优化等都属于内容优化的范畴，而使用意愿、满意度等则是用户价值研究的范畴，说明内容优化对用户价值的影响已经得到了相关研究的支持。

二、内容推荐与用户价值

Liang（2006）认为，个性化内容推荐系统存在的价值是可以让用户更有效率地获得符合需要的个性化内容，而常用的一些内容推荐形式（包括 E - mail 推荐、排行榜推荐等）在一定程度上都会对用户的信任和满意度有正向影响。

Wang 和 Benbasat（2009）指出，个性化的内容推荐会提高用户的使用意愿，而让用户了解推荐过程和明确推荐原因非常重要，因为这可能影响会到用户信任，进而影响用户对内容推荐系统的使用意愿。他们以亚马逊网站的商品推荐为例，发现网站会给出“购买此商品的用户也同时购买”之类的推荐信息，表明此项推荐内容是系统经过统计计算或是在参考了大量类似用户的购买行为的基础上，为当前用户所做出的推荐，亚马逊网站因此获得更多的订单。

类似的，京东商城也提供了“浏览了该商品的用户最终购买了”之类的内容推荐，而当当网给出的则是“和您兴趣相似的用户还关注”的推荐方式。Anderson（2006）将之归纳为协作型过滤器推荐，发现购物网站的这种做法会导致小众产品和冷门产品越来越受到用户的欢迎。对此，Pathaket 等（2010）认为是“长尾曲线”效应在发生作用：协作型过滤器推荐系统的工作原理是先找到与当前用户偏好相似的消费群体，然后通过参考类似用户的选择来为当前用户进行推荐。相对于其他推荐方式，该设计理念更有利于用户发现意外之喜，增大了冷门产品被发现的可能性，也有利于冷门产品的销售。Cai（2009）对此进行解释，认为内容推荐系统的推荐效果依赖于其推荐逻辑和算法，不同原理的推荐系统对用户的选择行为影响也有所不同。一般情况下，产品热门排行榜经常导致“热门更热，冷门更冷”和“赢家通吃”的局面；差异协作型过滤器推荐系统会让用户关注到小众产品和冷门产品；基于内容属性的推荐系统则更强调商品属性信息，这往往使用户更多关注于价格、销量和上架时间等属性，从而可能倾向购买那些排行榜上靠前的商品。

在内容推荐对用户价值的影响方面，许多学者进行了验证。尽管大多文献是针对购物网站内容推荐展开研究，但互联性本就是智能互联产品的主要特性之一，网站内容推荐对用户价值的影响作用在智能互联产品上亦可实现。

三、内容定制与用户价值

内容定制是用户参与到了内容收集、创建和形成的过程中，用户的参与行为会产生用户价值。在硬件生产造研究领域，定制一直被认为是获得用户价值的主要手段。Kotha 和 Pine Ⅱ（1993）提出的大规模定制理论，便是希望通过产品结构的模块化设计，让用户参与到产品的设计、制造、装配或销售环节中，在降低企业生产成本的同时获得用户定制价值。Vargo（2004）揭示了用户参与的价值创造机理，认为用户参与的动机是追求个性化的产品或服务，参与能够增强用户对产品或服务的认同感，由于用户在参与过程中会主动地投入精神和资源，用户产生的心理状态会增加对主观感知的产品或服务差异，认为自己的个性化需求得到满足，甚至愿意为之额外支付。汪涛等（2009）也持类似观点，认为与参与生产和服务过程所付出的时间、精力和货币成本相比，用户更看重的是参与活动所带来的用户感知价值，他们会因为能够参与而觉得付出很值。刘文波和陈荣秋（2009）研究了用户的参与活动与用户感知价值之间的关系，研究指出，参与会让用户更多地了解产品，增加用户感知到的产品价值，同时参与活动也让用户对产品有更高的评价。

内容定制与硬件定制的原理不同，但用户参与的本质相同。用户自行搜索和下载需要的内容，即用户主动性地参与到内容收集和获取过程中。Doulamis（2006）的调查结果显示，几乎所有的网络用户都利用网络进行过内容搜索；而在网络购物情形下，更多用户倾向于自己搜索到的商品而非系统推荐的商品，这表明允许用户自行搜索内容在某种程度上是会影响用户价值的。

更多研究集中在用户生成内容上，Yolanda（2011）指出，由于新一代的手持设备的产生，用户可以轻松地创建内容，并随时随地从任何位置访问内容，满足了用户“DIY”内容的需求，这是越来越多用户青睐于使用手持设备的原因之一。柳瑶等（2013）则分析了用户生成内容的动机，认为其内在需求层面的动机来源于个体的自我认知和内在需求，社会诱因层面的动机源于个体希望自己能够被社会关注和认可，技术诱因层面的动机是因为更多的个体发现自己生成内容的技术成本很低但感知到的价值回报很高。卢余（2013）研究了在线品牌用户生成内容与用户品牌态度的关系，发现对于品牌零售商来说，在线品牌社群会影响成员对品牌的依附及其品牌决定，即用户生成内容对用户品牌态度具有正向显著影

响作用。

四、内容扩展与用户价值

一些学者对移动互联终端的 Twitter、音乐下载中心、微信、博客、聊天室等内容扩展形式进行研究。Bickart 和 Barbara（2001）认为，用户进行这类内容扩展的原因是对信息交流与知识交换的渴求。用户在移动互联终端上安装此类App，便可在网络上形成一个基于爱好的虚拟社区，为用户之间的信息交流与知识交换提供了便利场所。Balasubramanian（2010）发现，相比于常规的新闻、网页或是其他正规媒体，用户更倾向于由用户自发成立的虚拟组织所提供的信息内容，认为这些信息内容更加可靠。用户通过参与这类社区的知识交换不仅可以获得经济价值，更重要的是还有可能获得社会价值。

Grossklags（2015）把移动互联终端上的各种类型 App 统称为社交型 App，认为不同形式的社交型 App 对于使用者来说具有不同的价值形式，有的可能产生经济价值，有的则是满足用户社会价值。每个用户都有可能因为需要了解、使用、操作、分享或交换某种信息内容而下载和使用社交型 App，参与到各种信息和知识交换中，用户可以从信息内容交换中得到直接的效用价值（Thorsten，2014）。

金嘉（2011）研究了社交型移动定位服务 App 的应用，认为社交型移动定位服务 App 是智能手机内容的一项重要扩展，其给用户带来的价值主要在于可以提供一系列的个性化信息服务，如快速搜寻和定位身边陌生人、免费进行信息递送、直接向感兴趣的对象发短信和传照片、给出“送达、已读”等状态提示等。

根据以上所列举的前人研究成果，本书发现内容个性化的四个构成维度对用户价值的影响得到了相关研究的支持。综合第三章案例对比分析的结果，可得出以下研究假设：

假设 H1：智能互联产品的内容个性化对用户价值有正向影响。

假设 H1a：智能互联产品的内容优化对用户价值有正向影响。

假设 H1b：智能互联产品的内容推荐对用户价值有正向影响。

假设 H1c：智能互联产品的内容定制对用户价值有正向影响。

假设 H1d：智能互联产品的内容扩展对用户价值有正向影响。

第二节　用户体验与用户价值

一、感官体验与用户价值

Peck 等（2001）研究了虚拟触觉在在线商品展示与互动和用户产品态度之间的中介影响作用，发现在线商品展示和互动既可以直接也可以间接影响用户的冲动性购买意愿，虚拟触觉在这里充当了间接作用中的不完全中介变量。网络购物环境中的产品虽然难以触摸，但虚拟技术在一定程度上可以弥补这一缺陷。卖家可以通过在线展示和互动引发用户视觉体验，从而使得用户获得虚拟触觉的体验，虚拟触觉体验跟真实触觉体验一样能够影响购买意愿。在这里，虚拟触觉体验即为用户的感官体验。

Krishna 和 Morrin（2008）发现，饮料包装的软硬程度也会影响用户的态度。表面上看，包装饮料的软硬程度与用户对饮料的口味判断不具有相关性，但研究表明，包装饮料软硬程度会影响用户对饮料口味的喜爱程度。硬包装的饮料通常会被认为质量更高，因为饮料的液体形态让用户不易利用触感来进行质量区分，所以更容易被外观包装等不相关的触感影响。类似的，钟科等（2014）建立了具体感官体验、信念抽象和用户态度影响关系的理论模型，通过实验研究发现，造成服务失败的原因很多，但和事件本无关系的触觉体验也会影响用户态度。他们将触觉体验分为硬触觉体验和软触觉体验两种，发现相对来说，软触觉体验让消费者对服务失败事件有更加容忍的态度。这些研究都表明感官体验会影响用户的消费意愿。

Wu 和 Liang（2009）提出了“体验→体验价值→满意度”的研究假设模型，认为体验价值是用户从产品或服务体验中所获取的价值。他们以台湾高档酒店（四星级以上）的顾客为对象，将用户的体验价值划分为服务价值、休闲价值及趣味价值等维度，将酒店用户体验区分为感官、行动、思考、情感和关系体验等维度。实证研究发现，用户可从不同类型的体验中获得体验价值，其中感官体验显著正向影响用户体验价值。

很多学者探讨了品牌感官体验与用户价值之间的影响关系。例如 Brakus 和 Schmitt（2009）对品牌体验与用户满意及品牌忠诚之间的关系进行实证研究。他们将品牌体验界定为由品牌设计和特性、包装等品牌相关的刺激物所引发的感觉、情感、认知及行为反应；将品牌体验划分为行为、认知、情感和感官体验四个维度。研究结果显示，品牌体验不仅直接影响用户的满意和品牌忠诚，而且还通过品牌个性对用户满意和品牌忠诚存在间接作用。在这里，感官体验对用户满意和品牌忠诚的影响得到了证实。

在国内，李启庚等（2011）对用户关系依恋对品牌体验和重购意向的影响进行实证分析，结果表明，用户的重新购买意向会受到品牌体验（包括感官、情感和关系体验）的显著正向影响；边雅静等（2012）亦将餐饮品牌用户体验分解为情感、关联和感官三个方面，进一步探讨它们对品牌忠诚的影响作用。实证研究发现餐饮品牌感官体验对用户态度忠诚存在正向影响作用，情感体验和关联体验对态度忠诚和行为忠诚都没有相关关系；品牌体验的三个维度均可通过感知价值和用户满意对品牌忠诚产生间接影响，其中感官体验的效应最大。

二、交互体验与用户价值

Baker（2002）认为，用户交互体验来源于产品或服务提供者对用户需求的反馈和重视程度，如果产品或服务提供者重视用户的需求意见，及时对意见进行反馈，同时用户察觉到产品或服务提供者正在尝试与自己建立友好的关系和互动氛围时，用户交互体验由此产生。对产品或服务提供者重视程度的感知、与产品或服务提供者互动、建立友好关系等会将使用户体验到舒适与满足，产生心理愉悦，继而可以产生高满意度。

很多学者以网络购物为对象，研究交互体验对用户价值的影响关系。例如Mathwick（2001）指出，交互体验对购物网站用户满意度有正向影响，认为网站应该围绕用户交互体验进行设计，采用产品推荐、消息推送和在线交流等方式与用户进行交互，或是允许用户自己动手搜索获得信息，然后根据所获得的产品信息进行决策判断。总的来说，高交互性网站可以使用户更为节约内容搜索时间，提高找到自己偏好的产品的概率，从而降低消费风险，获得实用性价值。Chung J.（2004）也强调了网站交互体验设计的重要性，认为用户在高交互性网站上购物时，可以根据自己的需要进行各种操作，不但能与购物网站客服人员进行一些互动，还能就某些问题和其他用户进行交流、讨论和信息共享，从而产生共鸣或被他人认可的感觉。这种用户与网站、用户与用户、用户与卖家之间的交互会给用户带来交互体验，交互体验为用户提供了趣味性，从而提高了价值。

在线旅游网站也是如此，刘燕等（2016）提出了在线旅游网站用户沉浸式体验的概念，认为用户在与旅游网站进行交互活动时所进入的状态就是沉浸式体验，可见沉浸式体验与交互体验内涵相同。实证研究发现，在线旅游网站用户的沉浸式体验对用户的再次预订意愿具有显著的正向影响。在线旅游公司要想获得成功，就需要为用户创造的沉浸式体验环境，如良好的人机交互、客服与用户交流等。

为用户提供良好的交互体验是影响用户价值的关键因素，胡明辉（2015）认为，任何用户在付出一定的努力之后，心理上都会产生一定的价值回报期望，如果这种期望能够得到满足，用户会表现愉快、喜悦和满意等正面情绪；反之，如果期望未能实现，用户会表现失望、不甘和愤怒等负面情绪。因此，对大多数的企业与用户的在线交流活动而言，提高用户等待过程对应的服务价值是改善用户等待体验的重要因素。可以想办法降低用户的心理预期，然后呈现给用户别样的等待交互体验，用户就会在内心产生意想不到的感受，由此产生超越预期的用户满意度。

孙乃娟和李辉（2011）将企业与用户之间的交互活动分解为交互导向互动、任务导向互动和自我导向互动三个维度，从而构建了包含任务类型、用户涉入度及体验价值等影响因素的感知互动与用户满意相互作用的理论模型；通过 446 个有效样本数据的研究发现，交互导向互动和任务导向互动对用户体验价值有影响，进而正向影响用户满意度，自我导向互动则是对用户满意度具有负向影响。这里的用户体验价值便是由交互体验所产生的用户价值。

三、功能体验与用户价值

Jensen（2007）将用户的体验价值分解为社会性、情感性和功能性三部分，其中，功能性体验价值是指用户所能够感受到的产品或服务能够为用户解决实际问题的能力，这种能力可以满足用户对体验消费效用的需求，是由企业方所创造的，具体可以表现为产品或服务质量、产品或服务的实用性、产品或服务输出的效率等功能性因素。在这里，功能性体验价值就是用户对企业提供的产品或服务的功能体验所创造的用户价值，该研究揭示了功能体验对用户价值的影响作用。

Flavian 等（2010）对网站用户忠诚的影响因素进行实证研究，发现网站感知可用性对用户满意度具有积极的影响，进而影响用户忠诚。在该研究中，可用性被定义为网站功能方面的有用性和实用性，故网站感知可用性与本研究提出的功能体验相似，可以认为用户对网站所感知的功能体验对用户满意度有正向影响。

吴水龙（2009）等构建了品牌体验、品牌社区和品牌忠诚影响关系的概念模型，采用多元回归分析方法，以动感地带为对象进行了实证研究。研究发现，品牌体验能够显著影响品牌社区，而品牌体验和品牌社区则明显正向影响着品牌忠诚；在所有的品牌体验构成维度中，服务功能质量是最为关键和重要的，因为它不仅能够直接影响用户的感知和情感体验，其他的一些影响因素（如服务适配性等）也会通过它间接对用户体验产生影响。这里用户对服务功能质量体验可以理解为服务功能体验。

胡昌平（2012）认为，用户总是希望产品操作简单、方便和实用，所以移动互联网产品的性能或功能体验是产品效用的核心，也是用户体验的首要要素，性能或功能的缺失则会导致用户的不满和抱怨，良好的功能体验能提高用户对产品的满意程度，从而使用户成为企业的回头客。

宁连举等（2012）认为，在产品同质化日渐增强的背景下，用户网络购物时的注意力会不自觉的转移到产品描述信息的真实性、产品来源的可靠性、购买感知的风险性等方面上。他们通过实证研究发现，用户的购买决策会受到产品功能性因素的显著影响；产品描述信息的真实性与否是所有功能性体验前置因素中影响最大的因素，表明在做出购买决策之前，用户会尽可能对商家提供的产品功能信息的真伪性进行辨别，看是否与实际质量相匹配，然后考虑自己能否承受相应的购买风险，最后才会进行选择。

蒋豪等（2016）将高校虚拟学习社区用户满意度的评价指标来源分为功能操作、效用价值和交互情感三类，其中，功能操作维度主要考察社区能否提供有效的功能以帮助用户高效完成在线学习，近似本书的功能体验。在此基础上，他们构建了高校虚拟学习社区用户满意度的评价量表，并基于江苏南京、镇江等地高校 133 位大学生的调查数据，对评价量表进行探索性分析和验证性分析；结果表明，该量表具有较高的合理性和有效性，高校虚拟学习社区用户满意度会受到功能操作方面指标的影响。

根据以上的前人研究成果，发现用户体验的三个构成维度对用户价值的影响得到了相关研究的支持。综合第三章探索性案例分析的结果，本书提出以下假设：

假设 H2：智能互联产品的用户体验对用户价值有正向影响。

假设 H2a：智能互联产品的感官体验对用户价值有正向影响。

假设 H2b：智能互联产品的功能体验对用户价值有正向影响。

假设 H2c：智能互联产品的交互体验对用户价值有正向影响。

第三节　内容个性化与用户体验

一、内容优化与用户体验

内容优化各结构要素与用户体验之间的关系在一些研究中得到探索，其中界面优化的研究文献比较丰富。Waterman（2008）分析了在线购物网站界面内容优化与用户购物体验之间的影响关系，指出与传统购物相比，在线购物虽然能够利用网络而获得一些便利，但其弊端也比较突出；因为在线购物是虚拟的，用户既不能通过触摸商品来判断商品质量，也无法和销售人员进行面对面的协商谈判。不过用户界面优化设计可以在一定程度上克服这些不足，优化设计的用户界面同样能够给用户提供别样的购物体验。

Hinman（2012）对智能手机界面内容的优化设计问题进行研究，指出可以采用延展性优化设计的方法，减少用户对信息结构和逻辑的理解成本，从而缩短用户到达信息的距离；通过前后的动效以及信息的延展可以让用户感知到整个手机界面的延展，从而获取最新信息；新内容上浮，旧内容下沉，同时通过非常自然的手势操作快速回到主页面，让用户感知不一样的功能体验。

姜婷婷等（2015）通过实验发现，受试者认为界面优化可以帮助他们更加快速地找到正确的搜索结果，从而对搜索结果的信任程度更高，可以更有效地帮助他们完成任务。虽然受试者并没有在每次的搜索中都使用到分面优化功能，但受试者可以通过查看分面中的信息内容来判定搜索结果的正确性。总而言之，界面内容优化后，搜索用时更短，用户体验更佳。

Rodie（2010）则探讨了具体的网页内容优化方法，指出页面最好要具有兼容性，页面的色彩安排、结构设计要符合产品或者是服务特色，这样可以让用户感觉舒心，这里表明了内容优化对用户感官体验具有影响。另外，要时常更新网站，让网站活跃起来，提供高质量的内容供用户阅读；还可以通过添加搜索、结构化的添加奖状、奖项等信任元素来与用户建立信任关系，这揭示了内容优化与交互体验之间的影响关系。

谢萃（2014）认为，产品界面是用户产品评价的关键环节，合适的突出方式能够从感官上吸引用户的目光。产品界面中可优化的内容要素很多，比如导航栏、状态栏和图标按钮等，完全可以进行优化设计和调整。例如，让导航栏、状态栏和图标按钮等要素和产品界面背景产生强烈的对比，具体办法包括改变内容要素的颜色、栏目或图标大小、字体大小等，让用户通过对比很快找到自己要找的内容要素；同时，还要注意保持整个界面内容要素的风格统一，不要让用户对界面产生拥挤混乱的感觉，从而影响感官和交互体验。

在其他类型的内容优化与用户体验研究方面，谢湖伟等（2013）采用问卷调查的方法对移动数字阅读用户体验问题进行调查分析，结果显示，56%的用户认为App新闻阅读的交互体验要比电视、报纸、个人电脑等其他传统媒体终端做得要好。此外，从用户调所反映的情况来看，新闻内容（如文字、图片等）有无独到的吸引力、新闻内容能否优化、用户社区能否互动、内容分享的丰富程度、广告优化处理、阅读方式的多元化等方面的也在影响着用户体验的满意度。刘婧（2014）则对各种形式的内容优化问题进行了探讨，认为对于PDF、txt、Office文件、HTML和XML等格式等文字类文件内容来说，所展示的字数、字号和字体等显示效果需要控制在合理的范围内，否则会影响用户浏览体验；对于视频、音频等流媒体文件而言，需要考虑控制其大小，虽然无损文件的播放效果更佳，但往往文件本身很大，在网络条件有限的情况下会需要更长的缓冲时间，从而影响用户体验；对于图像、图片等内容，需要考虑的是呈现布局与大小方面的优化问题，因为它们需要在移动终端上展示；在网站框架内容方面，由于不同移动设备的屏幕尺寸不一样，所以要保证页面的大小能够适合不同比例的屏幕；在页面功能点分布方面，需要注意的是不要将页面功能点埋藏过深，这样不利用户点击。在网页设计中，以上的内容优化方案都会影响用户的浏览体验。

二、内容推荐与用户体验

在内容推荐与用户体验的关系研究中，Skadberg等（2005）构建了个性化内容推荐对用户网络购物体验的回归模型。研究发现，回归系数从大到小排列依次为口碑推荐、系统推荐和广告推荐，这说明网络营销环境下，在诸多个性化内容推荐方法中，影响用户网络购物体验的最重要因素为口碑推荐，用户在挑选商品或做出购物决策时，更倾向于相信口碑推荐给出的购物建议；然后是系统推荐，系统推荐相对来说更加简洁明了，另外，由于系统推荐基于后台的大数据分析，所以推荐较为精准，也是用户获取良好购物体验的推荐方式之一；至于广告推荐，在网络营销环境下推荐效果并不理想，不过如果能够在广告推荐中融入一定的个性化因素，同样还是可以给用户带来满意的体验。

Wang 和 Benbasat（2007）则从推荐方法的透明性、推荐内容的详细程度等角度进行研究，研究显示，内容推荐方法的透明性能够增加用户的信任感，进而影响用户体验；个性化推荐系统对推荐商品的详细描述以及更高性价比的替代品推荐能够提高用户对推荐系统推荐能力的感知和体验，这里的对推荐系统推荐能力的感知和体验其实就是对推荐系统功能的体验。

国内一些学者的研究也提供了佐证。陈博和金永生（2013）指出，消费者网络购物最大的担心就是隐私问题，由于一些内容推荐系统是基于用户历史信息而推荐的，所以能否减少隐私问题的负面影响将有助于营销者利用内容推荐来为用户提供更好的购物体验。通过问卷调查和数据统计分析，他们发现，购物网站内容推荐的个性化程度对用户体验有正向影响作用，而用户隐私在两者间起到调节效应。

肖倩等（2014）以豆瓣阅读为对象研究数字阅读物用户体验的主要影响因素，发现豆瓣阅读当前的策略是定期更新微博和微信平台上的推荐信息，让用户随时处于推荐环境当中，但这有时会引起读者反感，从而影响用户体验。进一步的研究则显示，读者不反感推荐，反感的是不相关内容的推荐，豆瓣阅读未来要在个性化推荐方面下更多功夫。比如，可以在移动端增设一些个性化推荐板块，向用户推荐他们真正感兴趣的内容，从而在有效利用用户碎片化时间的同时增强用户体验。

三、内容定制与用户体验

在产品生产和服务提供过程中，定制与用户体验之间的影响关系得到了国内外许多学者的验证。例如，Pine Ⅱ（1993）和 Bettencourt（1997）等的研究揭示，为用户提供产品和服务定制可以增强用户体验，进而创造用户价值。楼尊（2010）认为，用户参与产品定制的主要目的是获得定制体验乐趣和满足自身的独特性需求，其试验研究结果表明，用户参与程度正向影响用户的体验感知乐趣和购买意愿，用户独特性需求对用户参与程度与体验感知乐趣和购买意愿的关系具有正向的调节作用。

在内容定制与用户体验的影响方面，Kang 和 Stasko（2008）探讨了用户生成内容与旅游体验之间的关系，他们以设计了一个 RevisiTour 系统，帮助用户游客整顿和分享自己在旅游景点所拍摄照片。访问者的路径和时间会通过传感器实时记录，旅行结束后访问者可以访问他上传照片的网站，并与他人分享照片。研究表明，旅游过程中的拍照、分享等内容定制活动会增强用户的旅游体验。

Marchiori 和 Cantoni（2015）的研究发现，在线社会媒体旅游内容对人们的体验和决策产生影响，对于那些去过该旅游地点的人来说，他们很容易受到在线社会媒体内容的影响而增强旅游体验；也就是说，即使他们在现场旅游时的体验可能一般，但看到其他游客发表的旅游内容体验后，有可能会产生强烈的共鸣，从而增强自己的感官体验。对于那些从未去过该旅游地点的人来说，也有可能在短暂接触到其他游客所发表的游记后改变自己的看法。因此，旅游服务提供者应该充分利用用户生成内容数据，更好地为游客设计旅游产品产品和服务，利于更好地将用户生成内容传递给特定人群。

张广宇和张梦（2016）研究了在线旅游购买决策中的选项呈现效应，发现与加法原则的选项呈现方式相比，用户在减法原则的选项呈现中的服务购买意愿更高。如果选项呈现方式与调节定向能够达成匹配，则可以促进定向的用户在加法原则的选项呈现中产生更高的感知和情绪体验，从而会对服务购买意愿产生影响；反过来，防御定向的用户在减法原则的呈现方式中会有更高的感知和情绪体验，进而产生比定向用户更强烈的购买意愿。

赵宇峰（2015）对网络表情定制问题进行研究，认为网络表情最大的作用就是可以帮助用户在虚拟世界里面重塑一个全新的自我，高度定制的网络表情可以给用户提供更多的自由感与更为多样化的选择，从而构建出一种新型的人际交往形态。进一步，他对网络表情定制与用户体验的影响关系进行研究，研究发现，网络表情定制对用户体验产生正向影响，相对于男性用户和老年用户群体，在年轻女性用户群体更容易受到定制式网络表情的交流效果的影响。

四、内容扩展与用户体验

Chorianopoulos 和 Geerts（2011）研究了智能电视的 App 内容扩展问题，指出随着互联技术的发展，相当多的用户开始在电视机上下载、安装和应用 App，但市场上的 App 主要是针对移动设备开发的，尽管也可以在电视上运行，但总体体验不佳，大大影响用户使用意愿。因此，他们建议 App 开发者要针对智能电视的交互体验进行优化设计。

Schleicher 和 Shirazi（2011）研究了智能电视的内容扩展问题，为了让球迷能够在世界杯足球赛中过程中进行意见交流和情绪发泄，他们基于 Android 开发了一个专用 App，用户在智能电视上下载和安装之后，可以通过手机互联在电视的网络视频界面上发表自己的实时情感或者是进行意见交流。试验调查发现，这样的内容扩展形式可能促进智能电视用户的交互体验。

刘敏（2015）的研究结果表明，内容扩展的数量会影响用户对移动设备和内容供应商的体验和评价，发现随着网络互联技术的发展，移动设备已经成为各类内容的载体，因此，收录资源内容（类型）的多少可以用于评价或反映产品内容的丰富程度，这可以用来解释为何移动设备生产商在不断地让其产品兼容各种内容格式，而内容供应商则尽力扩展其内容资源的广度和深度，如百度还提供云图、微购和百度学术等内容。

根据上述前人研究成果，发现内容个性化的四个构成维度对用户体验的影响得到了相关研究的支持。综合第三章探索性案例分析的结果，本书提出以下假设：

假设 H3：智能互联产品的内容优化对用户体验有正向影响。

假设 H3a：智能互联产品的内容优化对感官体验有正向影响。

假设 H3b：智能互联产品的内容优化对功能体验有正向影响。

假设 H3c：智能互联产品的内容优化对交互体验有正向影响。

假设 H4：智能互联产品的内容定制对用户体验有正向影响。

假设 H4a：智能互联产品的内容定制对感官体验有正向影响。

假设 H4b：智能互联产品的内容定制对功能体验有正向影响。

假设 H4c：智能互联产品的内容定制对交互体验有正向影响。

假设 H5：智能互联产品的内容推荐对用户体验有正向影响。

假设 H5a：智能互联产品的内容推荐对感官体验有正向影响。

假设 H5b：智能互联产品的内容推荐对功能体验有正向影响。

假设 H5c：智能互联产品的内容推荐对交互体验有正向影响。

假设 H6：智能互联产品的内容扩展对用户体验有正向影响。

假设 H6a：智能互联产品的内容扩展对感官体验有正向影响。

假设 H6b：智能互联产品的内容扩展对功能体验有正向影响。

假设 H6c：智能互联产品的内容扩展对交互体验有正向影响。

第四节　用户体验的中介作用

学者们的研究成果为本书的用户体验对内容个性化和用户价值之间的中介影响作用假设提供了理论基础。例如，Pereira（2001）对网络购物情境下用户体验

在内容推荐与购买意愿之间的中介影响作用进行研究，认为允许用户获知网站商品推荐原理和允许用户与推荐系统之间的交互会给用户带来更佳的购物体验，增强用户购买意愿。他对亚马逊购物网站进行调查，发现亚马逊的策略是在收集用户消费记录的基础上获得用户偏好，然后提供一些商品让用户进行评价，根据用户反馈的评价信息即时化推荐一些新的商品。亚马逊的内容推荐系统增加了与用户的双向互动，用户通过交互体验而产生购买意愿。

Hoffman 和 Novak（2009）指出，交互体验不仅仅是用户浏览网页那么简单，用户与电商的双向沟通和交流都会产生交互体验，用户交互体验将对其未来的行为产生影响；用户交互体验会受到网站界面和导航的友好程度、商品呈现方式、商品推荐的精准程度等因素的显著影响；交互体验是电商用来吸引用户有效途径，良好的在线购物交互体验会增强用户满意度和再购买意愿。这里的界面和导航的友好程度以及商品呈现方式即网页内容优化，而商品推荐的精准程度则属于内容推荐的范畴。

Guan 等（2013）指出，在网络购物过程中，用户可以不用亲临现场就能够获得足够多数量的商品信息内容，用户可以浏览购买网站所呈现的商品推荐方案和其他用户对商品的在线评论，结合自助式的商品内容搜索、筛选和对比，获得感官愉悦和精神满足，这种感官、情感和交互上的体验可以增强用户对购物网站的工具性和享乐性价值感知，进而产生更强烈的购买意愿。

贺和平和周志民（2013）发现，在中国情境的在线购物环境下，功能体验通常被“实用体验”一词所替代，用户实用体验的主要影响因素是一些内容操作，如添加到收藏夹、个性化登录页面和一键分享等；进一步，他们通过实证研究指出，在线购物的实用体验对用户的社会性和享乐性价值产生显著正向影响。这里虽然没有直接指出内容个性化与用户价值之间的关系，但显然他们认为内容个性化操作会影响用户体验，进而影响用户价值。

金嘉（2011）认为，社交型 LBS 的用户体验是影响用户使用意愿的主要因素，用户对社交型 LBS 的总体体验要受到其向用户所提供的一系列个性化信息服务的影响，比如能否快速搜寻自己附近的陌生人、能否免费给感兴趣的对象推送信息等。

综上所述，可以发现用户体验在内容个性化对用户价值影响之间的中介作用得到了相关研究的支持。综合第 3 章探索性案例分析的结果，本研究提出如下研究假设：

假设 H7：智能互联产品的感官体验在内容个性化作用于用户价值过程中起

到中介作用。

假设H8：智能互联产品的交互体验在内容个性化作用于用户价值过程中起到中介作用。

假设H9：智能互联产品的功能体验在内容个性化作用于用户价值过程中起到中介作用。

第五节 模型构建和假设汇总

在综合国内外学者有关内容个性化、用户体验和用户价值相互关系研究的基础上，结合探索性案例分析得到的相关结论，本章构建了智能互联产品内容个性化、用户体验和用户价值影响关系的机理模型，即企业通过产品的内容个性化设计（包括内容优化、内容定制、内容推荐和内容扩展），会形成不同的用户体验（包括感官体验、交互体验和功能体验），最终创造用户价值。本研究构建的机理模型如图4-1所示，在此基础上提出了如表4-1所示的理论假设。

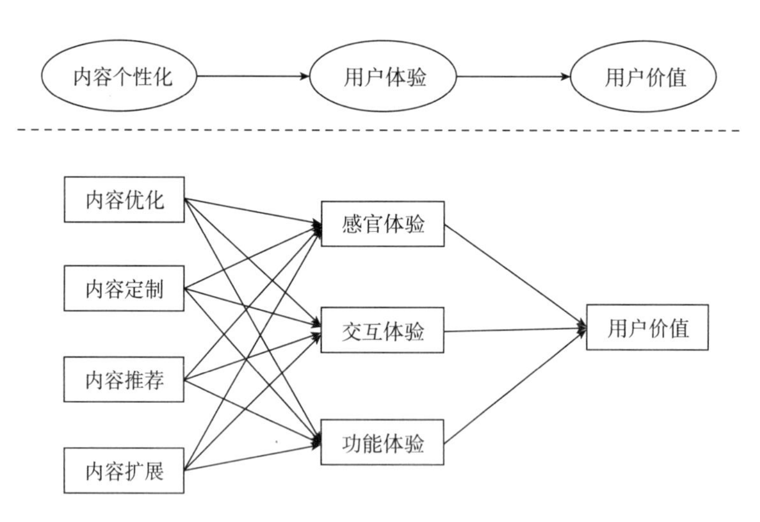

图4-1 内容个性化、用户体验和用户价值影响关系机理模型

表 4－1　研究理论假设汇总

假设	内容
H1	智能互联产品的内容个性化对用户价值有正向影响
H1a	智能互联产品的内容优化对用户价值有正向影响
H1b	智能互联产品的内容推荐对用户价值有正向影响
H1c	智能互联产品的内容定制对用户价值有正向影响
H1d	智能互联产品的内容扩展对用户价值有正向影响
H2	智能互联产品的用户体验对用户价值有正向影响
H2a	智能互联产品的感官体验对用户价值有正向影响
H2b	智能互联产品的功能体验对用户价值有正向影响
H2c	智能互联产品的交互体验对用户价值有正向影响
H3	智能互联产品的内容优化对用户体验有正向影响
H3a	智能互联产品的内容优化对感官体验有正向影响
H3b	智能互联产品的内容优化对功能体验有正向影响
H3c	智能互联产品的内容优化对交互体验有正向影响
H4	智能互联产品的内容定制对用户体验有正向影响
H4a	智能互联产品的内容定制对感官体验有正向影响
H4b	智能互联产品的内容定制对功能体验有正向影响
H4c	智能互联产品的内容定制对交互体验有正向影响
H5	智能互联产品的内容推荐对用户体验有正向影响
H5a	智能互联产品的内容推荐对感官体验有正向影响
H5b	智能互联产品的内容推荐对功能体验有正向影响
H5c	智能互联产品的内容推荐对交互体验有正向影响
H6	智能互联产品的内容扩展对用户体验有正向影响
H6a	智能互联产品的内容扩展对感官体验有正向影响
H6b	智能互联产品的内容扩展对功能体验有正向影响
H6c	智能互联产品的内容扩展对交互体验有正向影响
H7	智能互联产品的感官体验在内容个性化作用于用户价值过程中起到中介作用
H8	智能互联产品的交互体验在内容个性化作用于用户价值过程中起到中介作用
H9	智能互联产品的功能体验在内容个性化作用于用户价值过程中起到中介作用

第五章　变量测量与小样本预试

为了对智能互联产品内容个性化、用户体验和用户价值之间的影响关系进行深入有效的分析，在经过探索性案例分析提出研究命题和规范性理论推理得出研究假设之后，还要采用实证研究方法进行理论验证。本书实证分析的对象是智能互联产品用户，因此适宜采用问卷调查方法，本章将会围绕问卷设计及小样本预试展开研究。

第一节　问卷设计

一、问卷设计内容及过程

问卷调查法是用来收集用户信息的常用方法，其优点是简单易行，缺点是会受到问卷可靠性的影响。对此，许多学者都提出了提高问卷可靠性的原则和方法。例如，王重鸣（1990）认为，问卷应该按照一定格式来设计，问卷量表设计应当包含问卷理论构思和目的、问卷项目语句、问卷格式及问卷用词四个层次。研究者在设计调查问卷时，问卷内容及子量表的构成安排必须根据问卷设计目的来确定；问卷中应尽量可能采用简单易理解的词句，不要带有引导性的问题；要采用明确、具体和肯定的用词，不要出现歧义或多重含义；同时要注意控制因外部因素影响而导致的反应偏向问题。马庆国（2002）认为，问卷问题设立要围绕研究目标来展开，务必不要设置那些调查对象难于回答或无法回答的问题；另外，对于那些调查对象不想回答而又对研究者很重要的数据信息，应该想办法采用一些变通的方法来处理。荣泰生（2005）则给出了六个方面的建议：问卷内容

要与研究主题密切相关；避免个人隐私问题；调查对象易于回答；前后问题不要相互影响；明确开放式问题和封闭式问题；必须要进行预测试。

为提高问卷调查质量，本书在问卷设计过程中充分考虑了以上学者的意见，问卷设计流程如下：

(1) 收集文献，借鉴前人研究成果，为变量测量奠定基础。为了方便和已有的研究成果作对比分析，确保本研究有足够的理论支撑，一方面，通过在 EBSCO、Elsevie、中国知网等国内外学术资源数据库上搜索相关重要文献，分析整理和提炼测量条目；另一方面，结合智能互联产品及其使用特点进行修正，从而形成各考察变量的初步测量问项。由于各文献使用的量表并不一样，其描述也存在差异，所以对意思相近的描述进行了合并。另外，由于大量借鉴了国外学者的成果，为了保证量表相关题项翻译无误，将国外学者提出的英文量表提交相关英语专业人士审核和修改，以尽量保证符合英文题项的原意。

(2) 专家会议讨论、小规模访谈，编制初始调查问卷。利用本人在高校多年教学和科研工作所形成的人脉，邀请相关专家参加会议讨论，对测量题项合理性进行反复研讨；同时，与企业产品设计人员及用户代表进行座谈，根据访谈人员的经验，对某些不易理解和回答的变量题项进行修改和补充。以相关文献研究为基础，经过对专家会议、企业人士及相关用户访谈内容的整理和分析，确定形成问卷初始测量题项。

(3) 小样本试测及结果分析。根据荣泰生等（2005）学者的建议，在进行正式大规模发放问卷之前，首先进行小规模预测试的分析工作。采用 SPSS 21.0 统计工具对预测试所收集的样本数据进行分析，主要方法为信度和效度分析。信度分析用来测量每一个变量测量题项的可靠性，效度分析则通过因子分析法来进行，最后在此基础上形成正式问卷。

二、问卷设计的可靠性

为了利于调查对象作答，调查问卷采用选择的形式来设计题项；题项设计采用 Likert 七级量表，问卷数据可靠性会受到答题者主观评价的影响，这就有可能会导致数据调查结果出现偏差。参考王重鸣（1990）、马庆国（2002）、荣泰生（2005）等学者对问卷设计原则的观点，从三个方面采取措施以来降低答题者对获取准确答案带来的负面影响：①尽量选择有丰富产品使用经验的用户来填写问卷，减少因答题者不了解相关问卷内容信息所带来的影响；②在问卷首部明确注明本次调查不会涉及任何商业秘密，纯属学术性的调查研究，同时承诺对答题者所提供的信息给予保密，以减少有些答题者不愿回答问题带来的影响；③对问卷表述与措辞进行反复修改和完善，邀请一些用户来读解题项，看看是否还有难以理解或表意含糊的题项，以此减少因答题者不能理解题项而带来的影响。

第二节　变量定义与测量

调查问卷各类变量的测量项目的来源主要有四个方面：①直接引用前人研究中已经被证实是有效的或是相对比较成熟的测量项目；②通过相关理论或文献研究结论分析得来；③在前人研究量表的基础上结合本书实际需要修改而来；④根据案例研究和实地访谈结果进行修改。

一、因变量

在本书中，用户价值为因变量。根据陈明亮等（2001）、Stahl 和 Matzler（2002）、权明富等（2004）、陈通和喻银军（2006）、夏永林（2007）等学者的观点，用户价值包含当前价值和未来价值两部分，用户价值创造即为价值创新，也就是用户价值中的未来价值部分；未来价值分为货币部分和非货币部分。因此，用户价值的度量应采用多指标的方法。

借鉴陈明亮等（2001）、Mathwick（2001）和夏永林（2007）等的研究成果，从重复购买意愿、用户推荐（为公司推荐新的用户）、对企业品牌的信任度和对产品的满意程度等方面对用户价值进行测量，得出智能互联产品用户价值的5个测量题项，如表5－1所示。分别为：①总体来说对该产品很满意；②会向家人或朋友推荐该产品；③会继续购买该品牌的产品；④对该产品及其品牌很信任；⑤很乐意进行二次消费。采用Likert七级量表进行打分，每个题项的分数从1分到7分分别表示用户从完全不同意到完全同意。

表5－1　用户价值变量的测度

测度题项	测度依据
总体来说对该产品很满意	Mathwick（2001）；夏永林（2007）
会向家人或朋友推荐该产品	陈明亮等（2001）
会继续购买该品牌的产品	权明富等（2004）；陈通等（2006）

续表

测度题项	测度依据
对该产品及其品牌很信任	夏永林（2007）；周金应等（2008）
很乐意进行二次消费	本研究案例研究

二、自变量

（一）内容优化

根据 Jeevan（2006）、Oliveira 等（2013）、张磊（2013）和 Deldjoo 等（2016）学者的研究成果以及本研究探索性案例研究的成果，得出智能互联产品内容优化的 6 个测量题项，如表 5－2 所示。分别为：①软件及系统更新；②产品界面优化；③陈旧或不良内容过滤；④内容样式调整；⑤内容呈现优化；⑥用户中心优化设置。采用 Likert 七级量表进行打分，题项分数从 1 分到 7 分分别表示用户从完全不同意到完全同意。

表 5－2　内容优化变量的测度

测度题项	测度依据
软件及系统更新	Jeevan（2006）
产品界面优化	Deldjoo 等（2016）
陈旧或不良内容过滤	Oliveira 等（2013）
内容样式调整	本研究案例研究
内容呈现优化	张磊（2013）
用户中心优化设置	Oliveira 等（2013）

（二）内容推荐

根据 Cosley 等（2003）、Barranco（2008）、Fleder（2009）、Gong，S. J.（2010）和王毅（2013）等学者的研究成果以及本研究探索性案例研究的成果，得出智能互联产品内容推荐的 5 个测量题项，如表 5－3 所示。分别为：①根据历史记录推荐内容；②根据其他用户关注率推荐内容；③根据用户偏好推荐内容；④信息内容推送；⑤其他内容推荐。采用 Likert 七级量表进行打分，每个题项的分数从 1 分到 7 分分别表示用户从完全不同意到完全同意。

表 5－3　内容推荐变量的测度

测度题项	测度依据
根据历史记录推荐内容	Barranco（2008）；王毅等（2013）
根据其他用户关注率推荐内容	Gong，S. J. （2010）；Fleder（2009）
根据用户偏好推荐内容	Barranco（2008）
信息内容推送	案例研究
其他内容推荐	Cosley 等（2003）；王毅等（2013）

（三）内容定制

根据 Graham（2007）、Yolanda（2011）和 Chang L. （2011）等学者的研究成果以及本研究探索性案例研究的成果，得出智能互联产品内容定制的 5 个测量题项，如表 5－4 所示。分别为：①文本、图像、视频等内容编辑；②订阅或预订相关内容；③通过检索方式查找内容；④内容选项呈现；⑤创建或删除相关内容。采用 Likert 七级量表进行打分，每个题项的分数从 1 分到 7 分分别表示用户从完全不同意到完全同意。

表 5－4　内容定制变量的测度

测度题项	测度依据
文本、图像、视频等内容编辑	Graham V. （2007）
订阅或预订相关内容	Yolanda B. （2011）
通过检索方式查找内容	Chang L. （2011）
内容选项呈现	案例研究
创建或删除相关内容	Graham V. （2007）

（四）内容扩展

根据 McFarlane（2007）、Valckenaers（2009）和 Framling（2013）等学者的研究成果以及本研究探索性案例研究的成果，得出智能互联产品内容扩展的 5 个测量题项，如表 5－5 所示。分别为：①与家人、朋友分享内容；②连接并获得其他设备的内容；③自动感应获得新内容；④不同类型和格式内容兼容；⑤下载应用、视频或游戏等。采用 Likert 七级量表进行打分，每个题项的分数从 1 分到 7 分分别表示用户从完全不同意到完全同意。

表 5－5　内容扩展变量的测度

测度题项	测度依据
与家人、朋友分享内容	Framling（2013）
连接并获得其他设备的内容	Valckenaers（2009）
自动感应获得新内容	McFarlane（2007）
不同类型和格式内容兼容	案例研究
下载应用、视频或游戏等	案例研究

三、中间变量

（一）感官体验

Bagchi 和 Cheema（2013）认为，视觉是产品用户最仰赖的感官感觉，外观形状、界面的色彩搭配甚至各种图形、文本出现在产品界面或页面中的位置等视觉元素都会对用户的认知过程和结果产生影响。Constantinides（2010）认为，产品或服务设计时要用户的感官和审美问题，就网页设计来说，界面及分类导航的布局会大大影响用户的感官体验。根据以上学者的研究成果，得出智能互联产品感官体验的 4 个测量题项，如表 5－6 所示。分别为：①页面、界面舒适温馨；②界面布局合理、层次分明；③色彩搭配协调、赏心悦目；④分类导航清晰合理。采用 Likert 七级量表进行打分，每个题项的分数从 1 分到 7 分分别表示用户从完全不同意到完全同意。

表 5－6　感官体验变量的测度

测度题项	测度依据
页面、界面舒适温馨	Bagchi 和 Cheema（2013）
界面布局合理、层次分明	Constantinides（2010）
色彩搭配协调、赏心悦目	Bagchi 和 Cheema（2013）
分类导航清晰合理	Constantinides（2010）

（二）交互体验

Schoberth（2003）认为，产品的交互设计要实现可用性和用户体验的双层目标，即除了能够在交互过程中实现高效、有效等基本目标之外，还应该能令人感到温馨舒适，富有成就感和情感满足感等。Bruno 等（2010）通过对用户产品实际交互和虚拟交互的比较，指出家电产品用户界面的交互体验会随着系统参数、交互方式和习惯而改变，最佳的交互体验应该是可以让没有学习过操作方式的用户都能够很快上手。Sandnes 等（2010）认为，人机交互系统的用户体验设计必需满足三个基本条件，即容忍人为错误、保持计算无错和及运行顺畅。杨若男（2007）指出，以移动智能手机为代表的移动智能终端具有交互方式多样性的特征，因此在进行产品设计的时候，必须要考虑到用户使用环境的影响，在不同的环境下应该以不同的方式来提供与用户的交互，例如触控交互、语音交互等。

根据以上学者的研究成果，得出智能互联产品交互体验的 5 个测量题项，如表 5 -7 所示。分别为：①操作简单、不易出错；②系统和软件运行速度非常快；③输入、触屏和语音系统好用；④页面加载和操作反馈速度快；⑤操作提示和引导温馨。采用 Likert 七级量表进行打分，每个题项的分数从 1 分到 7 分分别表示用户从完全不同意到完全同意。

表 5 -7　交互体验变量的测度

测度题项	测度依据
操作简单、不易出错	Sandnes 等（2010）；Bruno 等（2010）
系统和软件运行速度非常快	Sandnes 等（2010）
输入、触屏和语音系统好用	杨若男（2007）；Schoberth（2003）
页面加载和操作反馈速度快	杨若男（2007）
操作提示和引导温馨	Sandnes 等（2010）

（三）功能体验

Hassenzahl（2006）认为，功能体验是用户所感受到的产品或服务本身所具备的能够解决用户实际问题的能力，该能力源自企业的产品设计，表现为产品功能的实用性、有效性或服务传递的质量、服务输出的效率及服务过程的流畅性等。Gasalo 等（2008）对网站用户忠诚度的研究中发现，用户对产品的功能体验体现在网站的感知可用性上，具体表现为网站的有用性和实用性。宁连举等（2012）指出，在做出购买决策时，消费者更在意产品信息描述与产品质量是否匹配，因此，产品的功能是否齐全、是否与产品介绍描述中的相符合对产品功能体验的影响最大。蒋豪等（2016）指出，就高校虚拟学习社区用户而言，其功能体验主要考察社区能否提供有效的功能以帮助用户高效完成在线学习。贺和平和周志民（2013）通过调查研究发现，在中国情境下的在线购物体验中，功能体验

通常被理解为“实用体验”，而如“一键分享”“个性化登录页面”“添加到收藏夹”等功能性的体验被用户纳入实用体验上。

根据以上学者的研究成果，得出智能互联产品功能体验的4个测量题项，如表5-8所示。分别为：①具备了功能性产品的所有功能；②新功能非常好用；③提供不少新的、实用的功能；④总体来说功能很强大。采用Likert七级量表进行打分，每个题项的分数从1分到7分分别表示用户从完全不同意到完全同意。

表5-8　功能体验变量的测度

测度题项	测度依据
具备了功能性产品的所有功能	宁连举等（2012）
新功能非常好用	Gasalo 等（2008）
提供了不少新的、实用的功能	Hassenzahl（2006）；贺和平等（2013）
总体来说功能很强大	蒋豪等（2016）

第三节　小规模访谈

虽然说研究所有的测量问项都是在参考了已有的相关研究文献或成熟量表的基础上、结合探索性案例研究成果而提出来的，但毕竟会受到作者主观选择的影响。因此，特意邀请了相关研究领域的3位高校教师、4个博士研究生、4个企业产品设计主管和10个智能互联产品用户进行访谈。

访谈主要围绕如下六方面展开：①问项是否与本研究的实际背景相符合；②问项能否有效地测量所属变量；③问项语法表达是否无误，措辞是否恰当；④问项用词是否准确，用语含义是否明确和清晰；⑤问项能否涵盖研究所要测量的变量，问项是否容易理解；⑥问卷题项数量是否合理，问卷结构是否合理。

根据访谈对象所提出的问题，进一步从问题提出的措辞、表达方式、问项用词和句子结构等方面对问卷进行了完善和修改，形成了如表5-9所示的研究初始测量量表。

表 5-9　访谈修改后的研究初始测量量表

潜变量	显变量符号	显变量内容
内容优化（CO）	CO1	该产品的系统及软件内容可以实时更新
	CO2	我可以对该产品的界面、页面等内容进行优化布置
	CO3	该产品可以通过手动或自动的方式过滤不良或陈旧的内容
	CO4	浏览内容时内容页面的大小、陈列方式等均可以按需调整
	CO5	我可以对该产品呈现的字体、色彩等内容进行优化调整
	CO6	我可以根据自己的偏好来优化设计产品用户中心
内容推荐（CR）	CR1	该产品能根据我的操作或浏览记录推荐一些内容
	CR2	该产品能够给我推荐一些用户关注率较高的内容
	CR3	该产品能够根据我的兴趣爱好信息来推荐相关内容
	CR4	该产品能够给我推送各种形式的消息和内容
	CR5	该产品会主动给我推荐一些其他方面的内容
内容定制（CC）	CC1	我能够对该产品的文本、图像、视频等内容进行编辑
	CC2	我能够利用该产品来订阅或预订相关内容
	CC3	我能够通过检索的方式找到自己所需要的内容
	CC4	该产品的许多内容要素均提供多个选项以供选择
	CC5	我能够利用该产品来创建或删除文本、图片、视频等内容
内容扩展（CE）	CE1	可以通过该产品与我的家人或朋友互相分享内容
	CE2	我可以连接并获得其他智能设备上的相关内容
	CE3	该产品可以通过自动感应获得地理位置等方面的内容信息
	CE4	不同类型和格式的内容都可以在该产品上浏览或编辑
	CE5	我能够利用该产品下载应用、视频或游戏
感官体验（SE）	SE1	该产品的界面和页面让我感觉舒适和温馨
	SE2	该产品的界面和页面布局合理、主次分明
	SE3	该产品的界面和页面色彩搭配协调、赏心悦目
	SE4	该产品系统的分类导航设计清晰合理
交互体验（IE）	IE1	总的来说该产品操作简单、不易出错
	IE2	该产品的系统和软件运行速度非常快
	IE3	该产品的输入、触屏或语音系统很好用
	IE4	该产品的页面加载和操作反馈速度非常快
	IE5	该产品的操作引导和提示让我觉得很温馨

续表

潜变量	显变量符号	显变量内容
功能体验（FE）	FE1	传统功能性产品提供的功能该产品都具备了
	FE2	该产品的新功能非常好用
	FE3	该产品提供了不少新的、实用的智能功能
	FE4	总的来说该产品的功能很强大
用户价值（CV）	CV1	总体来说我对该产品非常满意
	CV2	我会向我的家人和朋友推荐该产品
	CV3	我下次还会继续购买该品牌的产品
	CV4	我对该产品的品牌和生产企业很信任
	CV5	我很乐意围绕该产品进行二次消费

第四节　小规模样本预测试

一、数据收集

小规模样本预试对象为智能互联产品用户，随机选择正在授课的一个 MBA 班级和一个本科班级，共发放问卷 92 份，回收了 74 份，问卷的回收率为 80.43%。对所回收的 74 份问卷的进行有效性检测，删除了 15 份无效问卷，有效回收率为 64.13%。删除依据如下：①答题前后矛盾的；②多处未作回答的；③不确定选项过多的。

在所获得的 59 份有效问卷中，男性和女性分别占 53.82% 和 46.18%，年龄分布在 20～35 岁，78.33% 的样本使用智能互联产品的时间超过 2 年以上。接下来，将对 59 份有效问卷进行信度和效度的检测，以确保最终问卷的质量。

二、信度分析

信度分析可以用来评价本研究所设计问卷的可靠性和稳定性。在信度检测中，最常用的评价指标是 Cronbach' α 系数和修正后项总相关系数（Corrected – Item Total Correlation，CITC）。关于 Cronbach' α 系数检测结果的评价，一般认为达到0.60就可以接受，如果达到0.70以上则认为是一个合适的标准阈值，大于0.8则更佳；关于修正后项总相关系数CITC的取值标准各学者观点各异，例如，Peterson（1994）指出，只要问项的CITC值小于0.50就必须坚决删除；李怀祖（2004）认为，只要不小于0.35问项就可以保留；卢纹岱（2000）的标准更为宽松，只要大于0.30就可以得到认可。为提高信度，本书采纳Peterson（1994）的观点，即删除掉那些CITC值小于0.50的问项。

根据以上评价标准，采用SPSS21.0软件分析工具对预测试数据进行分析，分析结果如表5-10所示。测试数据显示8个变量的Cronbach'α系数远超0.70的标准阈值，说明问卷具有良好的内部一致性。在内容个性化量表中，发现有CO6、CR5和CE4的CITC值小于0.50，删除该题项后整体量表的Cronbach'α系数有所提高；在用户体验量表中，发现有IE2的CITC值小于0.50，删除该题项后整体量表的Cronbach'α系数也有所提高。故将CO6、CR5、CE4和IE2共四个题项从总体量表中删除，效度分析就不再给予考虑。

表5-10 各子变量的信度检验

潜变量	显变量	题项-总体相关系数	删除该题项后的Cronbach'α值	Cronbach'α
内容优化（CO）	CO1	0.675	0.865	0.885
	CO2	0.711	0.864	
	CO3	0.675	0.863	
	CO4	0.690	0.864	
	CO5	0.680	0.865	
	CO6	0.336	0.937	
内容推荐（CR）	CR1	0.682	0.865	0.883
	CR2	0.667	0.863	
	CR3	0.623	0.862	
	CR4	0.624	0.865	
	CR5	0.225	0.913	
内容定制（CC）	CC1	0.670	0.813	0.836
	CC2	0.674	0.818	
	CC3	0.716	0.816	
	CC4	0.655	0.813	
	CC5	0.712	0.873	

续表

潜变量	显变量	题项－总体相关系数	删除该题项后的Cronbach' α 值	Cronbach' α
内容扩展（CE）	CE1	0.574	0.873	0.891
	CE2	0.694	0.873	
	CE3	0.654	0.861	
	CE4	0.140	0.916	
	CE5	0.724	0.862	
感官体验（SE）	SE1	0.711	0.867	0.878
	SE2	0.697	0.867	
	SE3	0.599	0.867	
	SE4	0.600	0.867	
交互体验（IE）	IE1	0.606	0.869	0.887
	IE2	0.228	0.962	
	IE3	0.657	0.868	
	IE4	0.640	0.869	
	IE5	0.718	0.867	
功能体验（FE）	FE1	0.685	0.892	0.910
	FE2	0.670	0.883	
	FE3	0.677	0.862	
	FE4	0.708	0.856	
用户价值 CV	CV1	0.687	0.860	0.876
	CV2	0.768	0.871	
	CV3	0.665	0.872	
	CV4	0.674	0.881	
	CV5	0.664	0.856	

三、效度分析

小规模样本前测量表的构建效度可以通过用因子分析法来检测，采用 KMO（Kaiser－Meyer－Olkin）值和 Bartlett 球形检验（Bartlett test of Sphericity）来进行判定。KMO 的取值范围在 0～1，一般来说，越接近 1，说明越适合做因子分析。按照马庆国（2002）的观点，如果 Bartlett 球形检验统计值的显著性概率小于等于显著性概率，KMO 值大于 0.7，并且各个题项的负荷系数大于 0.5 时，可以通过因子分析将这些测量题项合并为一个因子。本书采用 SPSS21.0 软件工具对由信度分析后筛选的内容个性化、用户体验和用户价值量表进行 KMO 和 Bartlett 球形检验，这三个量表的 KMO 值分别为 0.825、0.814 和 0.793，表明适合做因子分析；Bartlett 球形检验的显著性概率都接近于 0.000，表明数据具有相关性，适合进行因子分析。

因子分析的结果汇总如表 5－11 所示。表 5－11 的数据显示各量表题项的因子负荷系数均大于 0.5，都能够很好地负载到其预期测量的因子之上，也没有发现任何题项存在交叉负载的情况，证明本研究所采用的这三个量表均具有较好的收敛效度和区别效度。其中，内容个性化量表有四个因子被识别出来，仍然分别命名为内容优化、内容推荐、内容定制和内容扩展，因子的特征根累计解释变差为 67.056%，因子分析效果可以接受；用户体验量表有三个因子被识别出来，仍然分别命名为感官体验、交互体验和功能体验，因子的特征根累计解释变差为 64.631%，因子分析效果可以接受；用户价值量表只有一个因子被识别出来，仍然命名为用户价值，因子的特征根累计解释了总体方差的 70.434%，因子分析效果可以接受。

表 5－11　因子分析汇总

题项	内容个性化				题项	用户体验			题项	用户价值
	因子 1	因子 2	因子 3	因子 4		因子 1	因子 2	因子 3		因子 1
CO1	0.509				SE1	0.769			CV1	0.848
CO2	0.747				SE2	0.689			CV2	0.713
CO3	0.848				SE3	0.616			CV3	0.628
CO4	0.682				SE4	0.626			CV4	0.748
CO5	0.692				IE1		0.666		CV5	0.628
CR1		0.854			IE3		0.637			
CR2		0.573			IE4		0.644			
CR3		0.620			IE5		0.658			
CR4		0.551			FE1			0.626		
CC1			0.642		FE2			0.729		
CC2			0.611		FE3			0.765		
CC3			0.777		FE4			0.693		

续表

题项	内容个性化				题项	用户体验			题项	用户价值
	因子1	因子2	因子3	因子4		因子1	因子2	因子3		因子1
CC4			0.740							
CC5			0.551							
CE1				0.648						
CE2				0.732						
CE3				0.641						
CE5				0.541						

四、最终问卷的形成

本书首先收集59份问卷对主模型39个指标进行前测，通过信度分析和效度分析剔除了其中不符合评价指标的指标，包括内容优化变量中的“优化设计产品用户中心”、内容推荐变量中的“主动推荐其他内容”、内容扩展变量中的“各种格式和类型内容均可浏览编辑”和交互体验变量中的“系统和软件运行速度快”四个指标，对题项重新编号，最终得到包含8个变量35个指标，形成大规模发放的最终问卷，详见附录2。

第六章　大样本调查与数据分析

第一节　数据收集与样本描述分析

一、问卷的发放与回收情况

本书的问卷主要通过三种途径发放。第一种是现场发放，依托朋友的关系，在苏宁、国美等大型卖场以及汽车4S店对来访的用户进行调查，面对面发放问卷，就问卷中的术语和题项进行解答。为了鼓励用户认真答题，每人附赠小礼品一份。通过这种方式回收的问卷填写情况比较好，共回收有效问卷133份。第二种是通过在企业工作的同学和朋友帮忙发放，共回收问卷145份，剔除其中一致性问答的问卷，剩余有效问卷94份。第三种是在本科生和MBA课堂上发放问卷，回收206份，剔除其中漏答，一致性回答的问卷，剩余138份。因此，本书共回收有效问卷365份。调查问卷主体共有35个题项，根据Gorsuch（1983）、Bagozzi和Yi（1998）的观点样本量的大小要达到样本题项的5倍以上，本书的样本量与题项的比值结果为1∶10.4，满足样本容量的要求。

二、样本统计分析

样本分布情况主要通过用户的性别、年龄、教育程度、职业、使用智能互联产品的类型、使用年限等指标。首先是用户的性别，样本的性别分布情况如表6－1所示。从性别上看，男性和女性所占的比例分别为56.7%和43.7%，总体来说，男性用户略微偏高。这主要是因为在面对面发放问卷过程中，有一些用户

是成双成对出现的，这时填写问卷的通常是男方，这一定程度上提高了男性样本比重。

表 6－1　样本性别分布情况

性别	频次	频率（%）	累计频率（%）
男	207	56.7	56.7
女	158	43.3	100
合计	365	100	—

样本的年龄分布情况如表 6－2 所示。从中可以看出智能互联产品用户主要集中在 18～40 岁的年龄范围内，累计占到了 87.4%。其中以 18～24 岁的比重最高，达到了 34.5%。这一方面是因为在问卷发放过程中，一部分问卷是专门针对在校本科学生的（这部分的有效问卷有 76 份）；另一方面也能说明了智能互联产品年轻用户的比重相对要高一些。至于 18 岁以下用户相对比较少，主要是因为未成年，家长对其有所限制。表 6－2 还发现，各年龄段的用户均有覆盖，而且除了 18～24 岁年龄段和 25～30 岁年龄段外，其他年龄段的数量差别不是很大，这一定程度上说明了智能互联产品已经逐渐渗透到人们的日常生活中，不论年龄大小，大家都已经开始接受并使用智能互联产品。

表 6－2　样本年龄分布情况

年龄	频次	频率（%）	累计频率（%）
18 岁以下	11	3.0	3.0
18～24 岁	126	34.5	37.5
25～30 岁	94	25.8	63.3
31～35 岁	72	19.7	83.0
36～40 岁	37	10.1	93.1
41～50 岁	15	4.1	97.2
51～60 岁	10	2.8	100
61 岁以上	0	—	—
合计	365	100	—

样本的受教育程度分布情况如表 6－3 所示。从中可以看出样本高学历特征

更为明显，大学本科及以上的学历占到了69.6%。

表6-3 样本受教育程度分布情况

教育程度	频次	频率（%）	累计频率（%）
高中或以下	36	9.9	9.9
大学专科	75	20.5	30.4
大学本科	154	42.2	72.6
硕士	81	22.2	94.8
博士	19	5.2	100
合计	365	100	—

样本的职业分布情况如表6-4所示。从中可以看出本研究样本中企事业单位人员比重最高，达到了35.6%，其次是学生，达到了23.7%。其他职业的人员相对分布的比较平均，这和我国人口职业构成是相符的。

表6-4 样本职业分布情况

职业	频次	频率（%）	累计频率（%）
教师	24	6.8	6.8
学生	86	23.7	29.5
企事业单位人员	130	35.6	65.1
机关工作人员	29	7.9	74.0
专业技术人员	43	11.8	85.8
商业、服务业人员	32	8.8	94.6
其他	21	5.4	100
合计	365	100	—

样本的产品类型分布情况如表6-5所示。从中可以看出本研究样本中智能移动手机的用户最多，高达51.2%；接下来依次是智能家电、可穿戴设备、智能汽车和其他的智能互联产品，这主要是因为智能移动手机已经普及到人们生活中了。

表6-5　样本产品类型分布情况

职业	频次	频率（%）	累计频率（%）
智能汽车	39	10.7	10.7
智能手机	187	51.2	61.9
可穿戴设备	51	14.0	75.9
智能家电	73	20.0	95.9
其他	15	4.1	100
合计	365	100	——

样本的产品使用时间分布情况如表6-6所示。从表6-6中可以看出，研究样本的产品使用时间集中在1~3年，这一时段的比重占到了66.6%，其中1~2年的比重最大，占到了40%；0.5年以下和4年以上的比例很小，分别为1.6%和0.6%。这和智能互联产品发展现状是基本吻合的，毕竟智能互联产品进入人们日常生活的时间还很短，有些类型的智能互联产品更新换代速度非常快，所以使用时间超过3年的并不多见。就本书而言，用户使用时间长超过1年的占到了81.7%，1年的时间已经确保用户对其产品比较熟悉了，这有利于本书的调查。

表6-6　样本产品使用时间分布情况

使用年限	频次	频率（%）	累计频率（%）
0.5年以下	6	1.6	1.6
0.5-1	61	16.7	18.3
1-2	146	40.0	58.3
2-3	97	26.6	84.9
3-4	53	14.5	99.4
4年以上	2	0.6	100
合计	365	100	——

在接下来的部分中，本书将采用SPSS 21.0和AMOS 20.0软件工具进行大样本数据分析，步骤如下：首先，对样本进行描述性统计分析，了解数据总体情况；其次，进行信度分析，验证大样本数据测量的稳定性、可靠性和一致性；再次，进行验证性因子分析，验证聚合效度与区分效度，同时对研究变量之间的关系进行初步验证；最后，对变量多重共线与同源偏差问题进行分析，为下一步的

结构方程模型分析做准备。

三、描述性统计分析

虽然在大样本问卷调查时已经采取多种办法来保证样本选择的随机性，但要真正完全符合随机性原则是很难的，因为要受到各种客观条件的制约。为此，需要对大样本进行描述性统计分析，检验各变量题项所获得的数据是否满足正态分布。黄芳铭（2005）认为，只要数据偏度绝对值和峰度绝对值分别小于 3 和 10 时，即可认为数据符合正态分布，可以进入下一环节的数据分析。大样本调查数据描述性统计如表 6 -7 所示。

表 6 -7　大样本各变量观察数据的描述性统计

题项	样本数	均值	标准差	偏度	峰度
CO1	365	5. 0734	1. 49509	-0. 500	-0. 362
CO2	365	5. 3028	1. 36426	-0. 188	-1. 037
CO3	365	5. 5321	1. 31634	-0. 369	-0. 865
CO4	365	5. 1927	1. 19006	-0. 348	-0. 085
CO5	365	4. 6972	1. 54263	-0. 402	-0. 086
CR1	365	4. 9541	1. 40360	-0. 163	-0. 337
CR2	365	5. 0275	1. 38416	-0. 413	-0. 102
CR3	365	5. 0459	1. 42325	-0. 475	0. 013
CR4	365	4. 9725	1. 52424	-0. 560	0. 111
CC1	365	4. 8532	1. 58597	-0. 492	-0. 491
CC2	365	5. 2752	1. 45851	-0. 547	-0. 318
CC3	365	5. 1560	1. 57041	-0. 775	0. 057
CC4	365	5. 0917	1. 54285	-0. 480	-0. 491
CC5	365	5. 1284	1. 52814	-0. 760	0. 348
CE1	365	4. 8073	1. 62433	-0. 501	-0. 349
CE2	365	5. 1468	1. 27530	-0. 581	0. 387
CE3	365	5. 3303	1. 49725	-0. 854	0. 545
CE5	365	5. 5596	1. 26514	-0. 933	2. 438
SE1	365	4. 8899	1. 47409	-0. 655	0. 300
SE2	365	4. 8624	1. 49362	-0. 694	0. 307
SE3	365	4. 9908	1. 23600	-0. 432	-0. 142

续表

题项	样本数	均值	标准差	偏度	峰度
SE4	365	4.9450	1.41313	-0.563	0.143
IE1	365	4.9817	1.26184	-0.275	0.202
IE3	365	5.1009	1.30487	-0.292	-0.622
IE4	365	4.9174	1.32027	-0.411	-0.404
IE5	365	5.0826	1.25557	-0.501	-0.317
FE1	365	4.9725	1.39748	-0.344	-0.141
FE2	365	4.7248	1.60941	-0.518	-0.278
FE3	365	5.2936	1.29316	1.083	1.267
FE4	365	5.1468	1.35964	-0.631	0.383
CV1	365	5.3578	1.18261	-0.799	1.157
CV2	365	5.2752	1.23132	-0.846	0.974
CV3	365	5.0244	1.65057	-0.356	-0.677
CV4	365	6.1220	1.09989	-0.963	0.026
CV5	365	5.5046	1.26655	-0.540	0.153

由表6-7可见，各观察变量所获数据的偏度绝对值小于1.083，峰度绝对值小于2.438，满足符合正态分布要求的判别标准，因此可以进行下一步的数据分析。

第二节 信度分析与效度分析

一、信度分析

信度分析可以用来评价大样本数据采集的效果，可以选用的方法有再测法、复本法、折半法和Cronbach'α系数法等，目前，最常用的方法是Cronbach'α系数法。关于Cronbach'α系数检测结果的评价，一般认为达到0.60就可以接受，如果达到0.70以上则认为是一个合适的标准阈值，大于0.8则被认为是非常可信的了。本书大样本调查的各个量表信度测试结果统计情况如表6-8所示。不难发现，各量表的Cronbach'α系数均在0.8以上，表现出相当好的信度，这说明在大范围调查数据采样效果较好。

表 6 – 8　大样本调查各量表信度

变量	题项	Cronbach' α 系数
内容优化	5	0. 842
内容推荐	4	0. 868
内容定制	5	0. 833
内容扩展	4	0. 841
感官体验	4	0. 921
交互体验	4	0. 906
功能体验	4	0. 875
用户价值	5	0. 894

二、效度分析

效度分析可以用来测量问卷的有效性程度，常用的方法是因子分析法。因子分析法分为探索性因子分析和验证性因子分析两种，探索性因子分析常用来确认量表因素结构，而验证性因子分析常用于分析事前所定义得因子模型拟合实际数据的能力。由于本书的因子模型已经在小样本预试的数据分析中确定下来，这里只需要用验证性因子分析来观察大样本数据的拟合情况即可。拟合情况越好，说明研究量表的效度越高。本书将采用 AMOS 20. 0 软件工具分别对内容个性化、用户体验和用户价值三个变量来进行验证性因子分析，常用的拟合指标及其评判参考值如表 6 – 9 所示。

表 6 – 9　验证性因子分析拟合指标及其参考值

指标	指标含义	参考值
λ	因子标准载荷系数	大于 0. 5
χ^2/d. f.	卡方值与自由度之比	小于 5 可接受；大于 1 小于 3 表示模型有简约适配程度
GFI	拟合优度指数	大于 0. 90
CFI	比较拟合优度指数	大于 0. 90
AGFI	调整拟合优度指数	大于 0. 90
TLI	Tucker – Lewis 指数	大于 0. 90

续表

指标	指标含义	参考值
NFI	标准拟合度指数	大于 0.90
RMSEA	近似误差均方根估计	小于 0.08 适配合理，小于 0.05 适配良好

资料来源：在黄芳铭（2005）基础上整理。

采用 AMOS 20.0 软件工具进行验证性因子分析，一般从区分效度和收敛效度两个方面进行考虑。区分效度指在应用不同方法测量不同构念时，所观测到的数值之间应该能够加以区分（王重鸣，1990）。区分效度的测量方法是将不同因子放进同一验证模型中，对比分析因子模型之间的差异情况，如果 RMSEA、GFI、AGFI 等拟合指数能够符合参考标准的取值范围，同时各潜变量之间的相关系数值在 0.05 ~0.95 内，则说明区分效度可以接受。收敛效度指运用不同测量方法测定同一特征时测量结果的相似程度，即不同测量方式应在相同特征的测定中聚合在一起（王重鸣，1990）。收敛效度可以采用 T 检验值来进行验证，如果各项拟合指数符合参考标准的取值范围，同时 T 检验值的绝对值大于 1.96，则表明量表的收敛效度较好。

本书将依次对研究涉及各个变量进行效度检验，通过对所测的数据分别进行 Bartlett 球形检验和 KMO 检验，检测结果数据显示 Bartlett 球形检验结果无限接近于 0，KMO 值为 0.856，可以进行验证性因子分析。

（一）内容个性化的验证性因子分析

采用 AMOS 20.0 软件工具对内容个性化变量进行验证性因子分析。内容个性化包含内容优化、内容推荐、内容定制和内容扩展四个结构变量，观测题项分别为 5 项、4 项、5 项和 4 项，其验证性因子分析结果如图 6 – 1 所示，拟合指数如表 6 – 10 所示。

表 6 – 10　内容个性化模型拟合指数

观测指标	统计值	参考值（可接受水平）
χ^2/d. f.	2.878	小于 5
GFI	0.897	大于 0.90
CFI	0.934	大于 0.90
AGFI	0.903	大于 0.90

续表

观测指标	统计值	参考值（可接受水平）
TLI	0. 935	大于0. 90
NFI	0. 918	大于0. 90
RMSEA	0. 073	小于0. 08

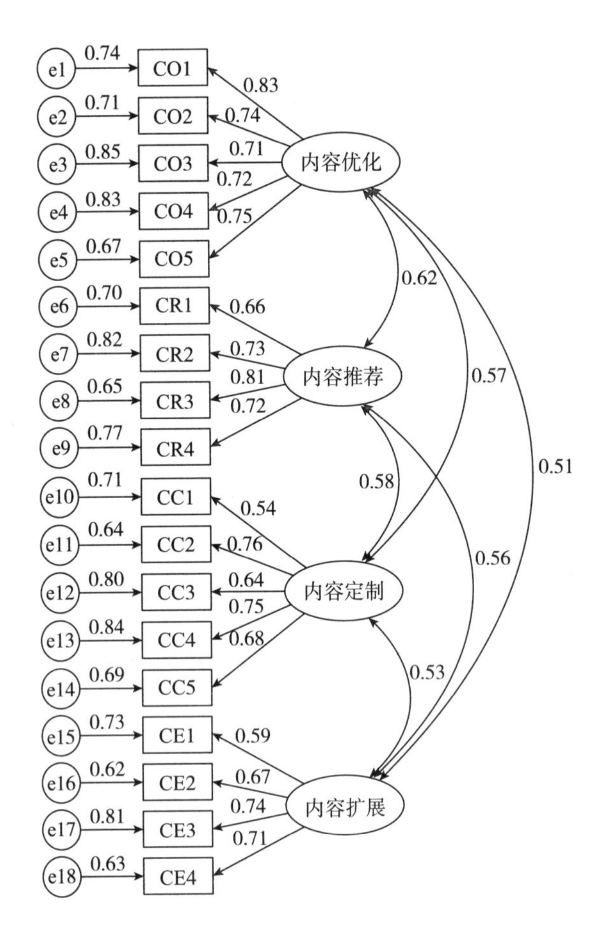

图6-1　内容个性化验证性因子分析结果

根据表6-9所列出的模型拟合指标及其参考值，对比本书的内容个性化模型拟合指数，不难发现：图6-1中内容优化、内容推荐、内容定制和内容扩展四个结构变量的值均大于0.5，四个维度之间的相关系数最低值为0.51（内容优

化与内容扩展），最大值为0.62（内容优化与内容推荐），这说明各个维度之间均具有显著相关性。另外，发现内容个性化模型的卡方值与自由度之比 χ^2/d. f. 为2.878，处在1.0～5.0间；RMSEA值小于0.08，GFI值为0.897，非常接近0.9；NFI、TL、CFI和AGFI值均大于0.9。除了GFI值略微低于评判标准一些之外，其他的拟合指标都在评判标准要求的范围之内，说明内容个性化模型的拟合结果可以接受，具有良好的收敛效度，可以进行结构方程模型分析。

接下来检验内容个性化模型的结构维度，以分析其区分效度。由于四个结构变量的值均大于0.5，各个维度之间具有显著相关性，因此，需要进一步对比其单因子、双因子、三因子和四因子维度的拟合情况。其中，这里的双因子和三因子维度均是根据预调研探索性因子分析的结果提取得出。

多个因子模型之间的比较检验数据如表6-11所示，从表中可发现四因子模型的拟合效果要比单因子、双因子和三因子维度的更优。本书所选择的四因子模型的卡方值与自由度之比 χ^2/d. f. 值最低，RMSEA值最小，GFI、NFI、AGFI、CFI和TLI值最高，说明内容个性化选择四个因子来测量是最合适的，其区分效度最佳。

表6-11 内容个性化多个因子模型的拟合数据对比

指标	χ^2	d. f.	χ^2/d. f.	GFI	CFI	AGFI	TLI	NFI	RMSEA
单因子	297.414	55	5.748	0.811	0.857	0.832	0.886	0.891	0.133
双因子	206.564	51	3.826	0.827	0.861	0.849	0.923	0.902	0.094
三因子	179.725	42	3.390	0.845	0.902	0.876	0.927	0.910	0.088
四因子	146.283	36	2.878	0.897	0.934	0.903	0.935	0.918	0.073
标准	—	—	小于5	大于0.9	大于0.9	大于0.9	大于0.9	大于0.9	小于0.08

另外，由于四个结构变量的值均大于0.5，各个维度之间具有显著相关性，所以需要对内容个性化进行二阶验证性因子分析，收敛效度结果如表6-12所示。表6-12数据表明表示，内容个性化四个结构维度及各题项的标准载荷系数（λ值）值都较高，内容个性化的四个结构维度因子载荷系数均在0.70以上。另外，二阶验证性因子分析结果显示各个测量题项相对独立，模型拟合度参数值都在标准范围之内，拟合效果较佳。

表6-12 内容个性化二阶验证性因子分析收敛效度

结构变量	标准载荷系数	观测变量	标准载荷系数	P
内容优化	0.724	CO1	0.834	***
		CO2	0.737	**
		CO3	0.712	***
		CO4	0.723	***
		CO5	0.746	***
内容推荐	0.713	CR1	0.655	***
		CR2	0.734	***
		CR3	0.813	**
		CR4	0.722	***
内容定制	0.806	CC1	0.539	***
		CC2	0.761	***
		CC3	0.640	***
		CC4	0.745	***
		CC5	0.683	**
内容扩展	0.788	CE1	0.594	***
		CE2	0.669	**
		CE3	0.740	***
		CE4	0.713	***

注：* 在0.05水平显著相关；** 在0.01水平显著相关；*** 在0.001水平显著相关。

（二）用户体验的验证性因子分析

采用AMOS 20.0软件工具对用户体验进行验证性因子分析。用户体验包含感官体验、交互体验和功能体验三个结构变量，观测题项分别为4项、4项和4项，其验证性因子分析结果如图6-2所示。模型的拟合指数检测结果如表6-13所示，每个测量题项及各因子的标准载荷系数如表6-14所示。

表6-13 用户体验模型拟合指数

观测指标	统计值	参考值（可接受水平）
χ^2/d.f.	2.454	小于5
GFI	0.907	大于0.90
CFI	0.923	大于0.90

续表

观测指标	统计值	参考值（可接受水平）
AGFI	0.938	大于0.90
TLI	0.911	大于0.90
NFI	0.906	大于0.90
RMSEA	0.065	小于0.08

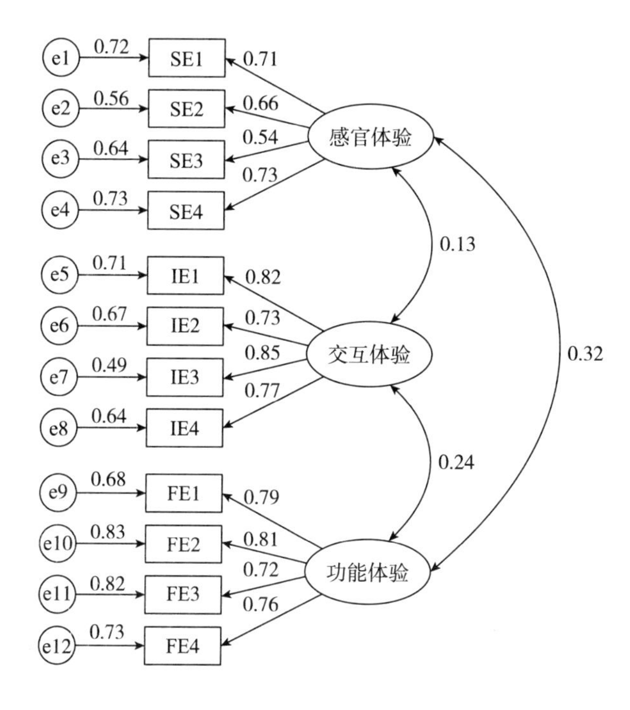

图6－2 用户体验验证性因子分析结果

根据表6－9所列出的模型拟合指标及其参考值，对比本研究的用户体验模型拟合指数，不难发现：图6－2中感官体验、交互体验和功能体验三个结构变量的λ值均大于0.5，三个维度之间的相关系数最低值为0.13（感官体验与交互体验），最大值为0.32（感官体验与功能体验），三个维度之间的相关系数均显著小于1，说明具有较好的区分效度；另外，发现用户体验模型的 χ^2/d.f. 为2.454，处在1.0～5.0间；RMSEA小于0.08，NFI、TL、CFI和AGFI均大于0.9，拟合指标都在评判标准要求的范围之内，着说明用户体验模型的拟合结果可以接受，具有良好的收敛效度，可以进行结构方程模型分析。

此外，用户体验量表都是来自现有研究文献中的成熟量表，所以量表内容效度可以认为较好。各个维度之间未显示显著相关性，无须进行二阶验证性因子分析。

表 6-14　用户体验因子分析收敛效度

结构变量	观测变量	标准载荷系数	P
感官体验	SE1	0.712	***
	SE2	0.657	***
	SE3	0.539	**
	SE4	0.733	***
交互体验	IE1	0.818	***
	IE2	0.732	**
	IE3	0.846	***
	IE4	0.767	**
功能体验	FE1	0.791	***
	FE2	0.812	***
	FE3	0.717	***
	FE4	0.764	***

注：* 在 0.05 水平显著相关；** 在 0.01 水平显著相关；*** 在 0.001 水平显著相关。

（三）用户价值的验证性因子分析

采用 AMOS 20.0 软件工具对用户价值进行验证性因子分析。用户价值只有一个构成维度，其 5 个测量题项都是在借鉴现有研究提出的成熟量表的基础上获得的，所以可以认为用户价值量表的内容效度较好。用户价值验证性因子分析结果如图 6-3 所示。模型的拟合指数检测结果如表 6-15 所示，每个测量题项及各因子的标准载荷系数如表 6-16 所示。

根据表 6-9 所列出的模型拟合指标及其参考值，对比本书的用户体验模型拟合指数（如表 6-15 所示），不难发现：用户价值的各自标准载荷系数都较高，模型的 χ^2/d. f. 为 1.767，处在 1.0～5.0 间；GFI、NFI、TLI、CFI 和 AGFI 均大于 0.9，RMSEA 小于 0.08，均符合评判标准。拟合指标都在评判标准要求的范围之内，说明用户体验模型的拟合结果可以接受，具有良好的收敛效度，可以进行结构方程模型分析。

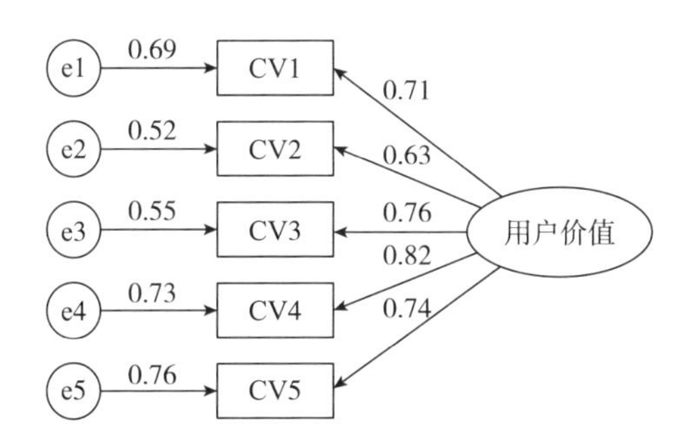

图6－3　用户价值验证性因子分析结果

表6－15　用户体验模型拟合指数

观测指标	统计值	参考值（可接受水平）
χ^2/d. f.	1. 767	小于5
GFI	0. 956	大于0. 90
CFI	0. 987	大于0. 90
AGFI	0. 963	大于0. 90
TLI	0. 960	大于0. 90
NFI	0. 955	大于0. 90
RMSEA	0. 014	小于0. 08

表6－16　用户体验因子分析收敛效度

结构变量	观测变量	标准载荷系数	P
用户价值	CV1	0. 707	***
	CV2	0. 631	***
	CV3	0. 758	***
	CV4	0. 823	***
	CV5	0. 736	***

注：* 在0. 05 水平显著相关；** 在0. 01 水平显著相关；*** 在0. 001 水平显著相关。

第三节 相关性、多重共线与同源误差分析

一、相关性分析

本书使用SPSS 21.0软件工具来进行Pearson相关系数检验，对内容个性化的四个构成维度（内容优化、内容推荐、内容定制和内容扩展），用户体验的三个构成维度（感官体验、交互体验和功能体验）以及用户价值一个维度，总共8个变量进行了分析。分析结果如表6－17和表6－18所示。表6－17为本书三个变量之间的相关系数，表6－17为三个变量各个维度之间的相关系数。

表6－17 模型三个变量之间的相关系数

变量	内容个性化	用户体验	用户价值
内容个性化	1.000		
用户体验	0.478**	1.000	
用户价值	0.633**	0.535**	1.000

注：*在0.05水平显著相关；**在0.01水平显著相关；***在0.001水平显著相关。

表6－18 模型结构变量之间的相关系数

变量	1	2	3	4	5	6	7	8
1内容优化	1.000							
2内容推荐	0.185**	1.000						
3内容定制	0.217**	0.054	1.000					
4内容扩展	0.093*	0.188*	0.243**	1.000				
5感官体验	0.236**	0.312**	0.208**	0.174**	1.000			
6交互体验	0.397**	0.461**	0.565*	0.328**	0.212**	1.000		
7功能体验	0.445**	0.554**	0.374**	0.418**	0.129**	0.223**	1.000	
8用户价值	0.422**	0.336**	0.534**	0.437**	0.508**	0.513**	0.477**	1.000

注：*在0.05水平显著相关；**在0.01水平显著相关；***在0.001水平显著相关。

结果显示，内容个性化、用户体验和用户价值之间存在显著相关，内容个性化与用户价值之间的相关性比较明显，相关系数达到 0.633；其余的相关系数分别为 0.535 和 0.478，可见存在显著相关。对变量各维度之间的相关性分析结果显示，总体而言用户价值与各维度之间的相关性比较明显，基本上达到中等相关；功能体验、交互体验与其他维度也有一定相关性，其中，功能体验与内容推荐的相关性较为明显，交互体验与内容定制体验与的相关性较为明显。相对而言，内容个性化个维度之间的相关性较弱。相关性分析结果一定程度上印证了本书提出的理论模型，同时也为随后的结构方程模型检验奠定了基础。

二、多重共线性与同源误差

多重共线性可通过检测个变量之间的相关性来进行分析，一般情况下，变量间相关系数高于 0.8，表明存在多重共线性。表 6－18 是模型个变量之间相关性分析，数据显示，8 个变量之间的相关系数最大值为 0.554（内容推荐与功能体验），其余的绝大多数低于 0.5（$P<0.01$），远远小于 0.8 的判定存在多重共线性的标准，这里认为多重共线性问题可以排除。

由于研究每一份问卷的数据都是来自智能互联产品用户本人，就有可能存在同源误差，所以在这里需要对同源误差进行检测，以免会对后续的研究结果产生影响。同源误差一般通过 Harman 单因素检验法进行检验，可以参考 Podsakoff 和 Organ（1986）的操作方法。将本书模型中 8 个结构变量的 35 个测量条目当作一个因子，针对该因子进行验证性分析；对比本书提出的 8 因子模型验证性分析数据，判断是否用一个潜变量便可以解释所有的因子。检测结果发现，8 因子模型明显优于单因子模型，故认为本书的同源误差不大。

第四节　结构方程模型分析

采用 AMOSS 20.0 软件工具构建结构方程模型来对假设模型进行验证。对于用户体验在内容个性化与用户价值之间中所起的中介作用假设的验证，本书将借鉴 Baron（1986）的研究方法。思路为：①验证自变量与中介变量是否相关，即中介变量对自变量回归，要求回归系数能够达到显著性水平；②验证自变量与因变量是否相关，即因变量对自变量回归，要求回归系数能够达到显著性水平；

③验证中介变量与因变量是否相关，即因变量对中介变量回归，要求回归系数能够达到显著性水平；④验证因变量是否同时对自变量和中介变量的回归，观察中介变量的回归系数是否达到显著性水平，自变量的回归系数是否减少。

如果自变量的回归系数降低到不显著水平，说明中介变量起到完全的中介作用；若自变量的回归系数降低，但仍然达到显著性水平时，说明中介变量只起到部分中介作用。接下来，本书将按照上述方法进行检验。

一、控制变量的影响分析

除了内容个性化的四个维度对用户体验和用户价值产生影响之外，有可能用户自身的人口特征变量也会对用户体验和用户价值产生影响，因此需要对控制变量的影响进行分析。本书的控制变量包括用户的性别、年龄、受教育程度、从事职业、使用的产品类型和使用时间年限等。这些变量采用的都是编码测量，属于分类变量。检测方法有独立样本 T 检验和单因素方差分析两种，选择的依据是控制变量的分类数量，如果存在两个以上分类，则采用单因素方差分析法，否则应用独立样本 T 检验。

（一）用户性别对用户体验和用户价值的影响分析

性别只有男、女两类，因此采用独立样本 T 检验来进行检测，判断用户性别对智能互联产品用户体验和用户价值是否有显著影响。独立样本 T 检验结果如表 6-19 所示。表中的检验结果显示，在置信度为 95% 的情况下，用户性别对感官体验、交互体验、功能体验及用户价值都没有显著影响。

表 6-19　用户性别对用户体验和用户价值的影响

因变量	均值差异 T 检验		方差齐次检验	
	T 值显著性	差异是否显著	显著性	是否齐次
感官体验	0.787	否	0.380	是
交互体验	0.850	否	0.731	是
功能体验	0.503	否	0.197	是
用户价值	0.343	否	0.558	是

（二）用户年龄对用户体验和用户价值的影响分析

用户年龄分为八组（详见附录 2 的正式调查问卷），因此采用独单因素方差分析进行检测，判断用户年龄对智能互联产品用户体验和用户价值是否有显著影

响。独立样本 T 检验结果如表 6－20 所示。表中的检验结果显示，在置信度为 95% 的情况下，用户年龄对感官体验、交互体验、功能体验及用户价值都没有显著影响。

表 6－20 用户年龄对用户体验和用户价值的影响

因变量	均值差异 T 检验		方差齐次检验	
	T 值显著性	差异是否显著	显著性	是否齐次
感官体验	0.264	否	0.286	是
交互体验	0.267	否	0.763	是
功能体验	0.656	否	0.780	是
用户价值	0.638	否	0.768	是

（三）用户受教育程度对用户体验和用户价值的影响分析

用户受教育程度分为五组（详见附录 2 的正式调查问卷），因此采用独单因素方差分析来进行检测，判断用户受教育程度对智能互联产品用户体验和用户价值是否有显著影响。独立样本 T 检验结果如表 6－21 所示。表中的检验结果显示，在置信度为 95% 的情况下，用户受教育程度对感官体验、交互体验、功能体验及用户价值都没有显著影响。

表 6－21 用户受教育程度对用户体验和用户价值的影响

因变量	均值差异 T 检验		方差齐次检验	
	T 值显著性	差异是否显著	显著性	是否齐次
感官体验	0.326	否	0.812	是
交互体验	0.338	否	0.341	是
功能体验	0.270	否	0.048	否
用户价值	0.735	否	0.450	是

（四）用户从事职业对用户体验和用户价值的影响分析

用户从事职业分为六组（详见附录 2 的正式调查问卷），因此采用独单因素方差分析来进行检测，判断用户从事职业对智能互联产品用户体验和用户价值是否有显著影响。独立样本 T 检验结果如表 6－22 所示。表中的检验结果显示，在置信度为 95% 的情况下，用户从事职业对感官体验、交互体验、功能体验及用户价值都没有显著影响。

表 6-22　用户从事职业对用户体验和用户价值的影响

因变量	均值差异 T 检验		方差齐次检验	
	T 值显著性	差异是否显著	显著性	是否齐次
感官体验	0.175	否	0.133	是
交互体验	0.193	否	0.880	是
功能体验	0.166	否	0.207	是
用户价值	0.384	否	0.392	是

（五）用户使用产品类型对用户体验和用户价值的影响分析

用户使用产品类型分为五组（详见附录 2 的正式调查问卷），因此采用独单因素方差分析来进行检测，判断用户使用产品类型对智能互联产品用户体验和用户价值是否有显著影响。独立样本 T 检验结果如表 6-23 所示。表中的检验结果显示，在置信度为 95% 的情况下，用户使用产品类型对感官体验、交互体验和功能体验及用户价值都没有显著影响。

表 6-23　用户使用产品类型对用户体验和用户价值的影响

因变量	均值差异 T 检验		方差齐次检验	
	T 值显著性	差异是否显著	显著性	是否齐次
感官体验	0.326	否	0.024	否
交互体验	0.144	否	0.065	是
功能体验	0.713	否	0.430	是
用户价值	0.387	否	0.429	是

（六）用户产品使用时间对用户体验和用户价值的影响分析

用户产品使用时间分为六组（详见附录 2 的正式调查问卷），因此采用独单因素方差分析来进行检测，判断用户产品使用时间对智能互联产品用户体验和用户价值是否有显著影响。独立样本 T 检验结果如表 6-24 所示。表中的检验结果显示，在置信度为 95% 的情况下，用户产品使用时间对感官体验、交互体验、功能体验及用户价值都没有显著影响。因此，不考虑将用户产品使用时间作为控制变量。

表 6-24 用户产品使用时间对用户体验和用户价值的影响

因变量	均值差异 T 检验		方差齐次检验	
	T 值显著性	差异是否显著	显著性	是否齐次
感官体验	0.644	否	0.027	否
交互体验	0.798	否	0.038	否
功能体验	0.327	否	0.392	是
用户价值	0.571	否	0.017	否

综上分析，根据样本用户的数据分析，用户性别、年龄、受教育程度、从事职业、使用产品类型和产品使用时间对用户体验和用户价值的影响均不显著，所以在后续的结构方程验证过程中就不再予以考虑。

二、内容个性化对用户体验的影响关系模型

验证自变量与中介变量是否相关，采用 AMOSS 20.0 软件工具建立内容个性化与用户体验的影响关系测度模型，如图 6-4 所示，表 6-25 是测度模型中潜变量的估计参数。从表 6-25 看，卡方与自由度之比 χ^2/d.f. 值为 2.129（显著性概率为 0.000），小于 3，表示模型有简约适配程度；RMSEA 为 0.072，小于 0.1；TLI 为 0.925，CFI 为 0.940 和 IFI 为 0.938，均大于 0.9。结果表明，模型拟合程度较好。而从潜变量的估计参数看，所有参数的标准化估计值适中，且 C.R. 检验值都大于 1.96，参数估计的标准差都大于 0，表明模型满足基本拟合标准。

表 6-25 测度模型中潜变量的估计参数（内容个性化——用户体验）

作用路径	标准化路径系数	标准误（S.E.）	临界比（C.R.）	显著性 P
内容优化→感官体验	0.545	0.100	5.625	***
内容优化→交互体验	0.582	0.041	6.374	***
内容优化→功能体验	0.604	0.076	6.417	***
内容推荐→感官体验	0.186	0.075	2.093	**
内容推荐→交互体验	0.613	0.047	5.364	***
内容推荐→功能体验	0.403	0.059	5.133	***
内容定制→感官体验	0.594	0.101	5.357	***
内容定制→交互体验	0.619	0.059	6.579	**

续表

<table>
<tr><th colspan="3">作用路径</th><th>标准化路径系数</th><th>标准误（S. E.）</th><th>临界比（C. R.）</th><th>显著性 P</th></tr>
<tr><td colspan="3">内容定制→功能体验</td><td>0. 632</td><td>0. 064</td><td>6. 846</td><td>***</td></tr>
<tr><td colspan="3">内容扩展→感官体验</td><td>0. 247</td><td>0. 087</td><td>3. 554</td><td>**</td></tr>
<tr><td colspan="3">内容扩展→交互体验</td><td>0. 583</td><td>0. 046</td><td>6. 375</td><td>***</td></tr>
<tr><td colspan="3">内容扩展→功能体验</td><td>0. 577</td><td>0. 044</td><td>4. 823</td><td>***</td></tr>
<tr><td>χ^2</td><td>d. f.</td><td>χ^2 /d. f.</td><td>TLI</td><td>CFI</td><td>IFI</td><td>RMSEA</td></tr>
<tr><td>436. 5</td><td>204</td><td>2. 129</td><td>0. 925</td><td>0. 940</td><td>0. 938</td><td>0. 072</td></tr>
</table>

注：显著性水平中，P* <0. 05，P** <0. 01，P*** <0. 001。

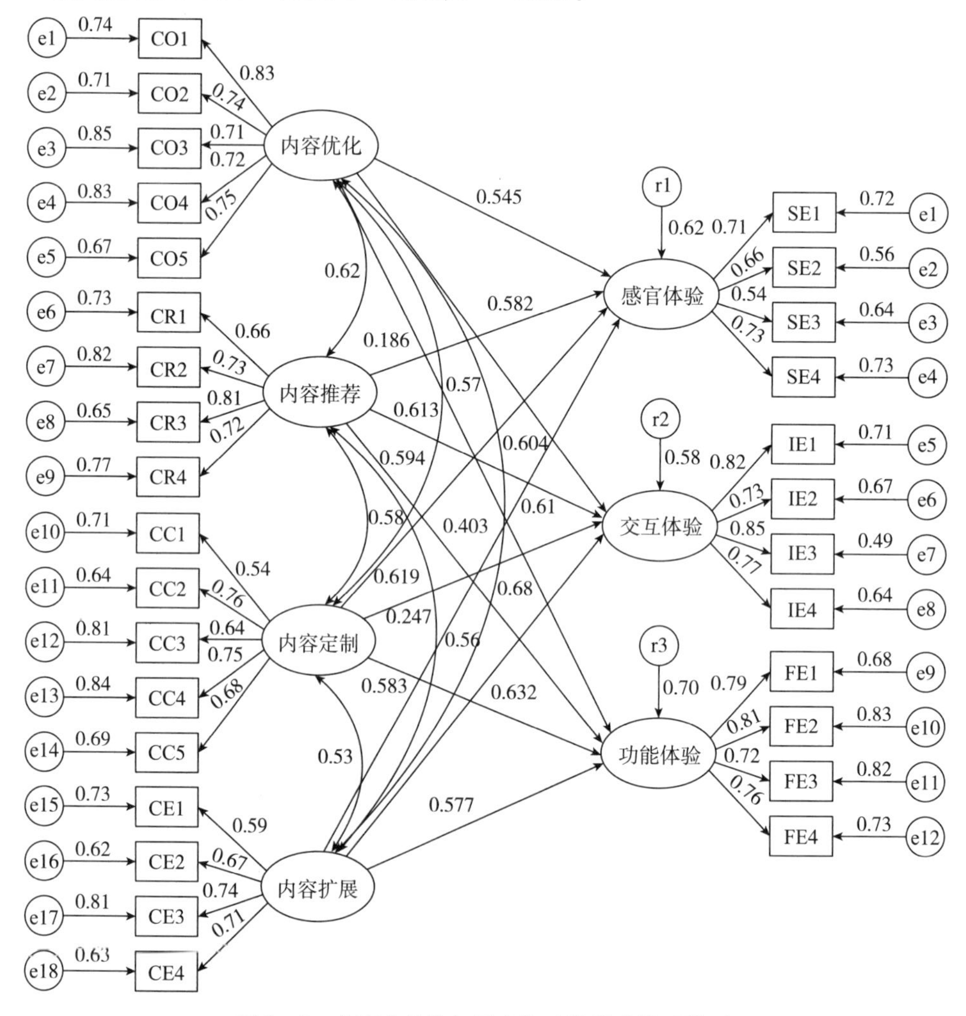

图 6－4　内容个性化与用户体验的影响关系模型

此外，通过观测 AMOS 20.0 的输出结果，模型中内容优化结构维度与感官体验、交互体验和功能体验之间的标准化路径系数分别为 0.545、0.582 和 0.604，表明内容优化对用户体验的三个构成维度（感官、交互与功能）的影响关系模型得到验证；模型中内容推荐结构维度与感官体验、交互体验和功能体验之间的标准化路径系数分别为 0.186、0.613 和 0.403，表明内容推荐对用户体验的三个构成维度（感官、交互与功能）的影响关系模型得到验证；模型中内容定制结构维度与感官体验、交互体验和功能体验之间的标准化路径系数分别为 0.594、0.619 和 0.632，表明内容定制对用户体验的三个构成维度（感官、交互与功能）的影响关系模型得到验证；模型中内容扩展结构维度与感官体验、交互体验和功能体验之间的标准化路径系数分别为 0.247、0.583 和 0.577，表明内容推荐对用户体验的三个构成维度（感官、交互与功能）的影响关系模型得到验证。

综上所述可以发现，中介变量用户体验的三个构成维度（感官体验、交互体验和功能体验）对自变量内容个性化的四个构成维度（内容优化、内容推荐、内容定制和内容扩展）的回归系数符合显著性水平要求，满足了中介作用判定的第一个条件。

三、内容个性化对用户价值的影响关系模型

本部分验证自变量与因变量是否相关，采用 AMOSS 20.0 软件工具建立内容个性化与用户价值的影响关系测度模型，如图 6－5 所示，表 6－26 是测度模型中潜变量的估计参数。从表 6－26 看，χ^2/d.f. 为 2.373（显著性概率为 0.000）小于 3；RMSEA 为 0.071，小于 0.1；TLI 为 0.934，CFI 为 0.925 和 IFI 为 0.940，均大于 0.9。结果表明，模型拟合程度较好。而从潜变量的估计参数来看，所有参数的标准化估计值适中，且 C.R. 检验值都大于 1.96，参数估计的标准差都大于零，表明模型满足基本拟合标准。

表 6－26　测度模型中潜变量的估计参数（内容个性化——用户价值）

作用路径	标准化路径系数	标准误（S.E.）	临界比（C.R.）	显著性 P
内容优化→用户价值	0.529	0.100	5.186	***
内容推荐→用户价值	0.623	0.590	4.464	***
内容定制→用户价值	0.687	0.105	6.357	***
内容扩展→用户价值	0.561	0.077	5.897	***

续表

作用路径			标准化路径系数	标准误（S. E.）	临界比（C. R.）	显著性 P
χ^2	d. f.	χ^2/d. f.	TLI	CFI	IFI	RMSEA
427.6	201	2.373	0.934	0.925	0.940	0.071

注：显著性水平中，P* <0.05，P** <0.01，P*** <0.001。

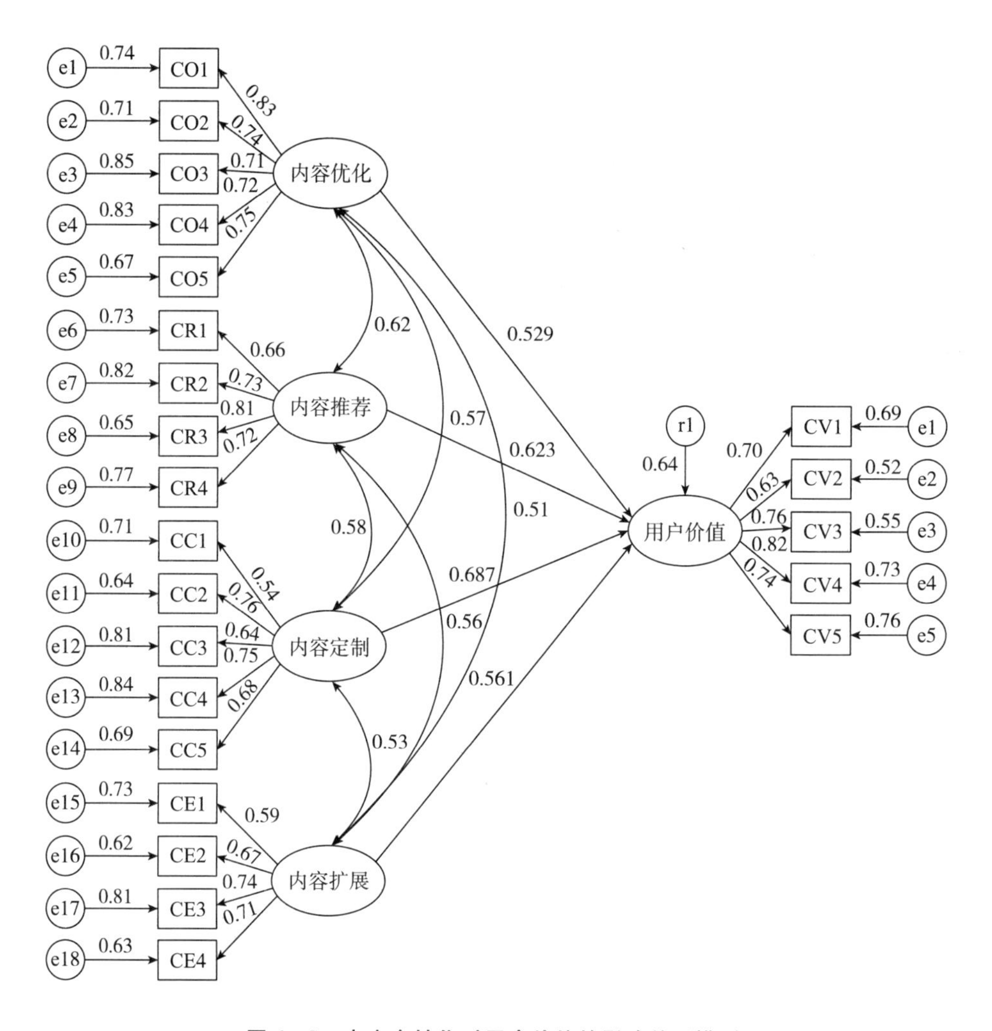

图6-5　内容个性化对用户价值的影响关系模型

模型中内容优化、内容推荐、内容定制、内容扩展与用户价值之间的标准化路径系数分别0.529、0.623、0.687和0.561，并且P值都在0.001水平上显著，

表明内容优化、内容推荐、内容定制和内容扩展对用户价值的影响关系模型成立。也就是说，用户价值对作为自变量对内容个性化三个维度的回归系数达到显著性水平，满足了中介作用判定的第二个条件。

四、用户体验对用户价值的影响关系模型

本部分验证中介变量与因变量是否相关，采用 AMOSS 20.0 软件工具建立用户体验与用户价值的影响关系测度模型，如图 6－6 所示。表 6－27 是测度模型中潜变量的估计参数。从表 6－27 看，χ^2/d. f. 为 2. 345（显著性概率为 0. 000）小于 3；RMSEA 为 0. 023，小于 0. 1；TLI 为 0. 905，CFI 为 0. 928 和 IFI 为 0. 941，均大于 0. 9。结果表明，模型拟合程度较好；从潜变量的估计参数来看，所有参数的标准化估计值适中，且 C. R. 检验值都大于 1. 96，参数估计的标准差都大于零，表明模型满足基本拟合标准。

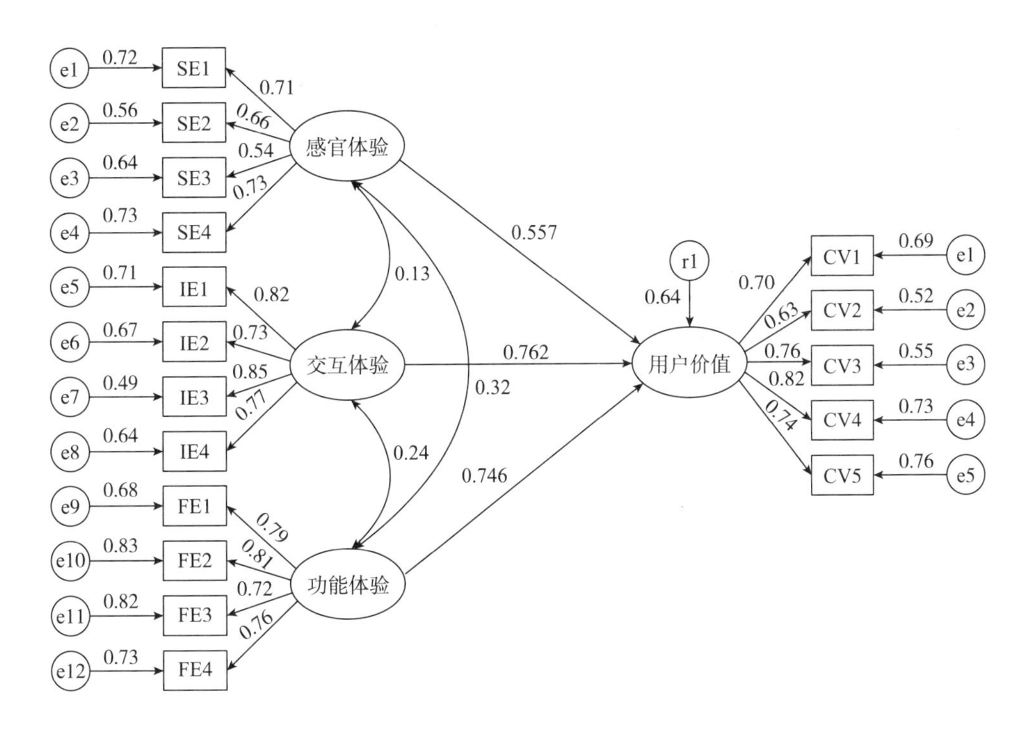

图 6－6　用户体验对用户价值的影响关系模型

模型中感官体验、交互体验和功能体验与用户价值之间的标准化路径系数分别为 0. 557、0. 762 和 0. 746，P 值均在 0. 001 水平上显著，表明感官体验、交互

体验和功能体验对用户价值的影响关系模型成立。也就是说，用户价值作为自变量对用户体验的回归系数达到显著性水平，判定用户体验作为内容个性化与用户价值的中介作用的第三个必要条件得到证实。

在判定用户体验在内容个性化与用户价值关系中起到中介作用的三个前提条件得到证实后，继续对第四个条件进行分析，即验证因变量是否同时对自变量和中介变量的回归，以确定用户体验起到的是部分中介作用还是完全中介作用，并对其做一个比较。

表 6－27　测度模型中潜变量的估计参数（用户体验——用户价值）

作用路径			标准化路径系数	标准误（S. E.）	临界比（C. R.）	显著性 P
内容优化→用户价值			0. 557	0. 100	4. 186	***
内容推荐→用户价值			0. 762	0. 113	5. 464	***
内容定制→用户价值			0. 746	0. 105	5. 357	***
χ^2	d. f.	χ^2/d. f.	TLI	CFI	IFI	RMSEA
441. 7	217	2. 345	0. 905	0. 928	0. 941	0. 023

注：显著性水平中，$P^* < 0.05$，$P^{**} < 0.01$，$P^{***} < 0.001$。

五、用户体验的中介作用及其检验

本部分将因变量同时对自变量和中介变量进行回归分析，并对中介作用模型的拟合程度进行对比，确定其中的最佳匹配模型。在内容个性化与用户价值的完全中介模型中，内容个性化的四个结构维度完全通过感官体验、交互体验和功能体验的中介作用间接影响用户价值。部分中介作用理论假设模型是在完全中介模型的基础上，考虑内容个性化的四个结构维度对用户价值的直接作用路径。调整后的部分中介作用模型是在部分中介作用模型的基础上删除了内容推荐维度和内容扩展结构维度对感官体验的作用路径。下面对这三个模型进行拟合比较。

首先，对完全中介作用模型 1 进行拟合分析，结果如图 6－7 和表 6－28 所示。

从图 6－7 和表 6－28 中可以看出，χ^2/d. f. 为 3. 253 小于最高上限 5，但大于更严格的标准 3；AGFI、NFI、CFI 和 IFI 的指标值分别为 0. 931、0. 920、0. 942 和 0. 903 均大于 0. 9，而 GFI 值为 0. 873，略小于 0. 9；RMSEA 值为 0. 081 略大于最高上限 0. 08。结果表明内容个性化与用户价值之间的完全中介模型拟合

程度一般。

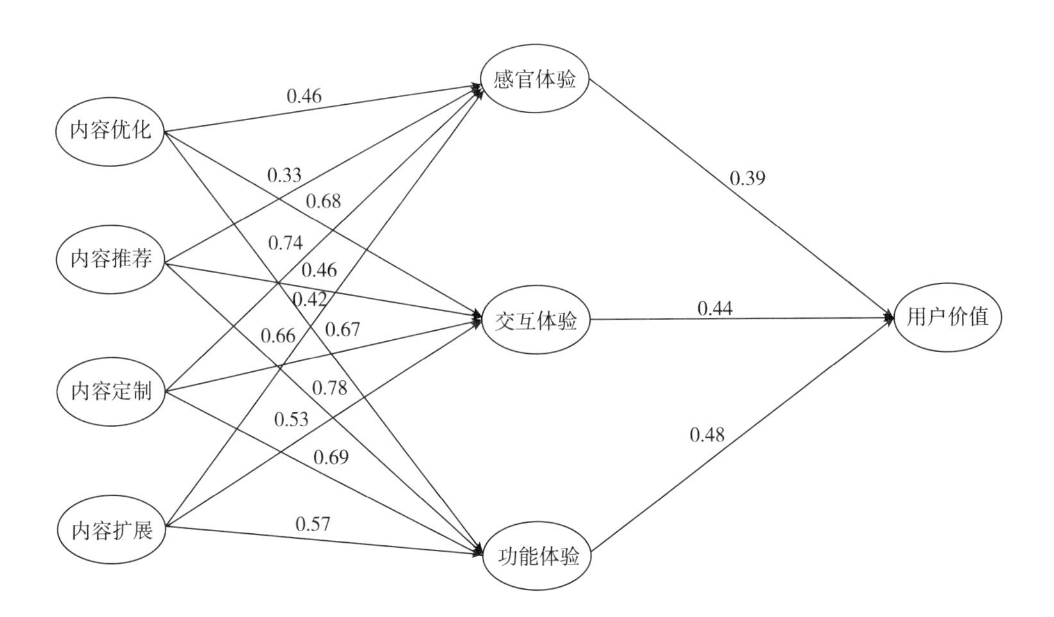

图 6－7　内容个性化、用户体验与用户价值的完全中介模型

在完全中介模型的拟合检验中，内容优化维度与感官体验、交互体验和功能体验的标准化路径系数分别为 0.463、0.684 和 0.763，P 值在 0.001 的水平上显著；内容推荐维度与交互体验和功能体验的标准化路径系数分别为 0.673 和 0.785，P 值在 0.001 的水平上显著，但内容推荐维度与感官体验之间的标准化路径系数为 0.334，P 值为 0.539，统计检验不显著；内容定制维度与感官体验、交互体验和功能体验的标准化路径系数分别为 0.737、0.657 和 0.678，P 值在 0.001 的水平上显著；内容扩展维度与交互体验和功能体验的标准化路径系数分别为 0.531 和 0.579，P 值在 0.001 的水平上显著，但内容扩展维度与感官体验之间的标准化路径系数为 0.416，P 值为 0.575，统计检验不显著。

完全中介模型中感官体验、交互体验和功能体验维度与用户价值之间的标准化路径系数分别为 0.386、0.437 和 0.482，P 值在 0.001 水平上显著。根据判定中介作用的条件，因变量同时对自变量和中介变量的回归，中介变量的回归系数达到显著性水平，自变量的回归系数减少。当自变量的回归系数减少，但仍然达到显著性水平时，中介变量起到部分中介作用，即自变量通过中介变量影响因变量，同时也直接对因变量起作用。也就是说，智能互联产品感官体验、交互体验和功能体验在产品内容优化、内容推荐、内容定制和内容扩展与用户价值的关系中起到部分中介的作用。

表 6－28　完全中介模型的结构方程模型参数估计

作用路径			标准化路径系数	标准误（S. E.）	临界比（C. R.）	显著性 P
内容优化→感官体验			0.463	0.100	5.186	***
内容优化→交互体验			0.684	0.175	5.353	***
内容优化→功能体验			0.763	0.032	5.378	***
内容推荐→感官体验			0.334	0.273	2.742	0.539
内容推荐→交互体验			0.673	0.079	4.647	***
内容推荐→功能体验			0.785	0.132	5.373	***
内容定制→感官体验			0.742	0.073	6.112	***
内容定制→交互体验			0.657	0.054	7.385	**
内容定制→功能体验			0.678	0.130	5.364	***
内容扩展→感官体验			0.416	0.241	2.367	0.575
内容扩展→交互体验			0.531	0.071	4.836	***
内容扩展→功能体验			0.569	0.077	5.371	***
感官体验→用户价值			0.386	0.313	5.365	***
交互体验→用户价值			0.437	0.362	7.763	***
功能体验→用户价值			0.482	0.468	4.375	***
χ^2/d. f.	GFI	AGFI	NFI	CFI	IFI	RMSEA
3.253	0.873	0.931	0.920	0.942	0.903	0.081

注：显著性水平中，P* <0.05，P** <0.01，P*** <0.001。

接下来对部分中介模型进行验证和拟合分析，结果如图 6－8 和表 6－29 所示。

从图 6－8 和表 6－29 中可以看出，χ^2/d. f. 为 2.418 小于最高上限 5，也小于更严格的标准 3；GFI、AGFI、NFI、CFI 和 IFI 的指标值分别为 0.904、0.932、0.921、0.915 和 0.934 均大于 0.9；RMSEA 值为 0.056，小于最高上限 0.08，结果表明，内容个性化与用户价值之间的部分中介模型拟合程度效果是可以接受的。

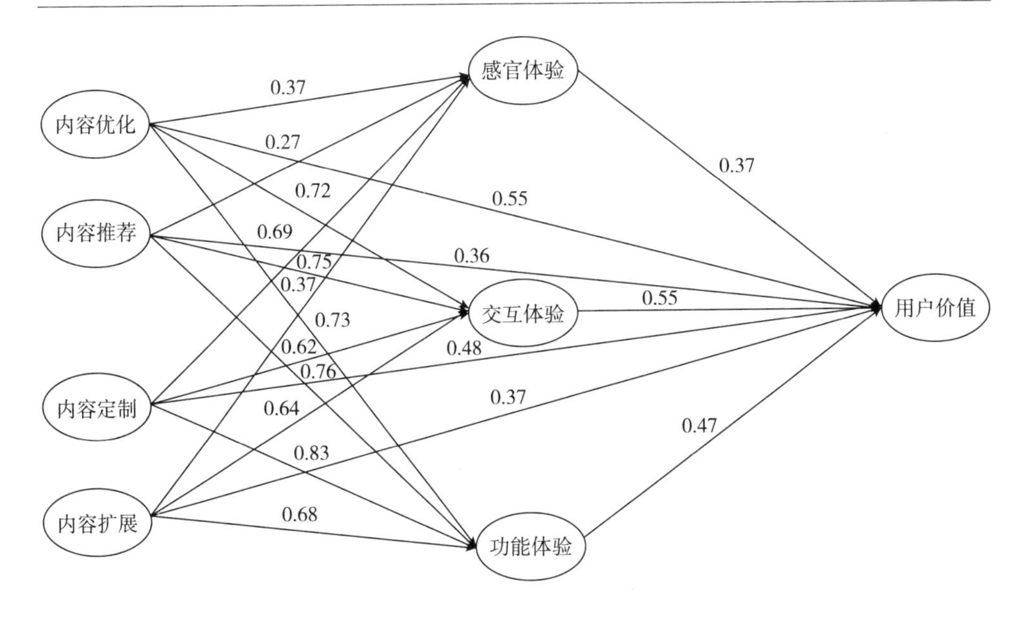

图 6-8　内容个性化、用户体验与用户价值的部分中介模型

表 6-29　完全中介模型的结构方程模型参数估计

作用路径	标准化路径系数	标准误（S. E.）	临界比（C. R.）	显著性 P
内容优化→感官体验	0. 372	0. 154	5. 432	***
内容优化→交互体验	0. 721	0. 102	4. 230	***
内容优化→功能体验	0. 733	0. 077	4. 767	***
内容推荐→感官体验	0. 269	0. 321	2. 044	0. 450
内容推荐→交互体验	0. 745	0. 120	5. 783	***
内容推荐→功能体验	0. 761	0. 022	6. 984	***
内容定制→感官体验	0. 692	0. 041	7. 455	***
内容定制→交互体验	0. 623	0. 054	5. 433	**
内容定制→功能体验	0. 834	0. 129	4. 426	***
内容扩展→感官体验	0. 368	0. 360	1. 349	0. 482
内容扩展→交互体验	0. 636	0. 091	4. 737	***
内容扩展→功能体验	0. 677	0. 054	6. 138	***
内容优化→用户价值	0. 552	0. 076	5. 673	***
内容推荐→用户价值	0. 358	0. 121	4. 495	***
内容定制→用户价值	0. 476	0. 044	4. 381	***

续表

作用路径			标准化路径系数	标准误（S. E.）	临界比（C. R.）	显著性 P
内容扩展→用户价值			0.371	0.075	5.229	***
感官体验→用户价值			0.369	0.310	5.368	***
交互体验→用户价值			0.547	0.321	7.764	***
功能体验→用户价值			0.466	0.625	4.453	***
χ^2/d. f.	GFI	AGFI	NFI	CFI	IFI	RMSEA
2.418	0.904	0.932	0.921	0.915	0.934	0.056

注：显著性水平中，P* <0.05，P** <0.01，P*** <0.001。

在部分中介模型的拟合检验中，内容优化维度与感官体验、交互体验和功能体验的标准化路径系数分别为0.372、0.721和0.733，P值在0.001的水平上显著；内容推荐维度与交互体验和功能体验的标准化路径系数分别为0.745和0.761，P值在0.001的水平上显著，但内容推荐维度与感官体验之间的标准化路径系数为0.269，P值为0.450，统计检验不显著；内容定制维度与感官体验、交互体验和功能体验的标准化路径系数分别为0.692、0.623和0.834，P值在0.001的水平上显著；内容扩展维度与交互体验和功能体验的标准化路径系数分别为0.636和0.677，P值在0.001的水平上显著，但内容扩展维度与感官体验之间的标准化路径系数为0.368，P值为0.482，统计检验不显著。

部分中介模型中内容优化、内容推荐、内容定制和内容扩展与用户价值之间的标准化路径系数分别为0.552、0.358、0.476和0.371，P值在0.001水平上显著；部分中介模型中感官体验、交互体验和功能体验维度与用户价值之间的标准化路径系数分别为0.369、0.547和0.466，P值在0.001水平上显著。

根据以上分析结果，智能互联产品的感官体验、交互体验和功能体验在产品内容优化、内容推荐、内容定制和内容扩展与用户价值的关系中起到部分中介的作用。

从完全中介模型和部分中介模型的拟合结果可以看出，内容推荐和内容扩展维度对感官体验的影响路径没有达到结构方程模型的拟合要求。因此，这两条路径没有得到验证，接下来对本书的初始结构方程模型进行调整，在部分中介模型中删除这两条路径，并对修正后的模型进行拟合分析，结果如图6-9和表6-30所示。

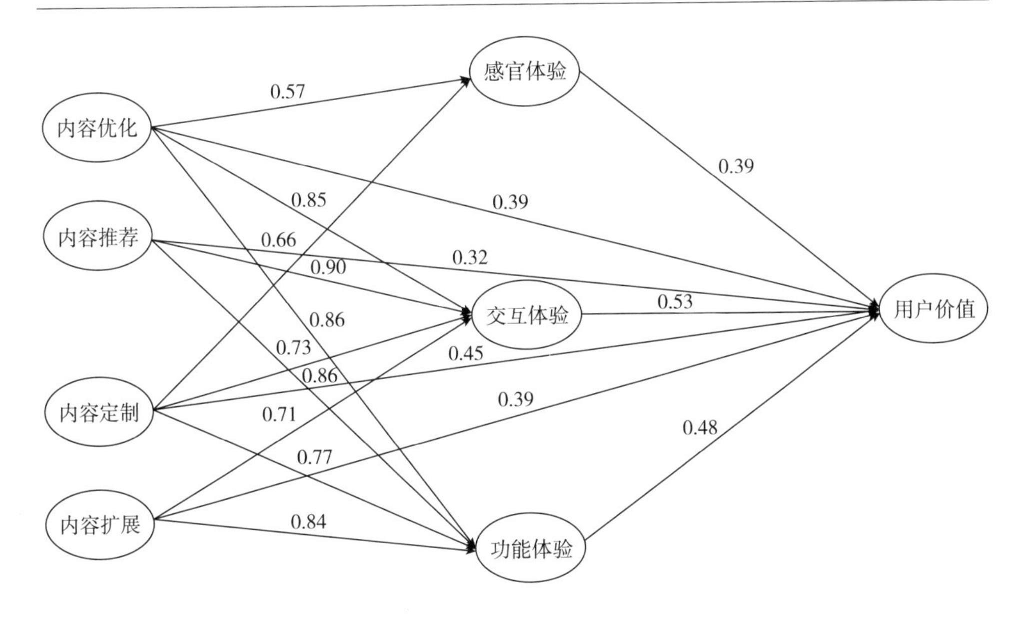

图 6－9　修正后的内容个性化、用户体验与用户价值的部分中介模型

表 6－30　修正后的部分中介模型的结构方程模型参数估计

作用路径	标准化路径系数	标准误（S. E.）	临界比（C. R.）	显著性 P
内容优化→感官体验	0. 573	0. 154	4. 230	***
内容优化→交互体验	0. 852	0. 135	4. 373	***
内容优化→功能体验	0. 860	0. 025	5. 760	***
内容推荐→交互体验	0. 904	0. 073	4. 651	***
内容推荐→功能体验	0. 856	0. 042	5. 634	***
内容定制→感官体验	0. 662	0. 059	5. 492	***
内容定制→交互体验	0. 731	0. 102	4. 763	***
内容定制→功能体验	0. 768	0. 093	5. 889	***
内容扩展→交互体验	0. 713	0. 067	5. 726	***
内容扩展→功能体验	0. 839	0. 116	6. 465	***
内容优化→用户价值	0. 385	0. 096	5. 379	***
内容推荐→用户价值	0. 320	0. 172	4. 568	***
内容定制→用户价值	0. 453	0. 088	5. 873	***
内容扩展→用户价值	0. 392	0. 076	4. 212	***
感官体验→用户价值	0. 387	0. 123	4. 964	***

续表

作用路径			标准化路径系数	标准误（S. E.）	临界比（C. R.）	显著性 P
交互体验→用户价值			0. 529	0. 237	5. 298	***
功能体验→用户价值			0. 476	0. 240	4. 822	***
χ^2 /d. f.	GFI	AGFI	NFI	CFI	IFI	RMSEA
2. 218	0. 923	0. 939	0. 940	0. 917	0. 947	0. 028

注：显著性水平中，P* <0. 05，P** <0. 01，P*** <0. 001。

从图 6 –9 和表 6 –30 中可以看出，χ^2 /d. f. 为 2. 218 小于最高上限 5，也小于更严格的标准 3；GFI、AGFI、NFI、CFI 和 IFI 的指标值分别为 0. 923、0. 939、0. 940、0. 917 和 0. 947 均大于 0. 9；RMSEA 值为 0. 028，小于最高上限 0. 08，结果表明修正后的内容个性化与用户价值之间的部分中介模型拟合程度效果是比较好的。

在修正后的部分中介模型的拟合检验中，内容优化维度与感官体验、交互体验和功能体验的标准化路径系数分别为 0. 573、0. 852 和 0. 860，P 值在 0. 001 的水平上显著；内容推荐维度与交互体验和功能体验的标准化路径系数分别为 0. 904 和 0. 856，P 值在 0. 001 的水平上显著；内容定制维度与感官体验、交互体验和功能体验的标准化路径系数分别为 0. 662、0. 731 和 0. 768，P 值在 0. 001 的水平上显著；内容扩展维度与交互体验和功能体验的标准化路径系数分别为 0. 717 和 0. 839，P 值在 0. 001 的水平上显著。

修正后的部分中介模型中内容优化、内容推荐、内容定制和内容扩展与用户价值之间的标准化路径系数分别为 0. 385、0. 320、0. 453 和 0. 392，P 值在 0. 001 水平上显著；完全中介模型中感官体验、交互体验和功能体验维度与用户价值之间的标准化路径系数分别为 0. 387、0. 529 和 0. 476，P 值在 0. 001 水平上显著。

结果表明，修正后的内容个性化与用户价值之间的部分中介模型符合各项拟合的要求，并且拟合优度高于完全中介模型和部分中介模型。

六、假设检验结果分析

（一）内容个性化与用户价值间关系的假设验证结果

从表 6 –30 可以得出，内容优化维度、内容推荐维度、内容定制维度、内容扩展维度与用户价值间关系的标准化路径系数为 0. 385、0. 320、0. 453 和 0. 392，P 值均在 0. 001 水平上显著，表明内容个性化构面中的所有维度对用户价值具有

显著的正向影响，研究假设中的H1及其四个子假设（H1a、H1b、H1c和H1d）都得到了验证和支持。企业在通过采用内容个性化设计策略来创造用户价值时，可以考虑从内容优化、内容推荐、内容定制和内容扩展等方面来进行设计；尤其是在内容定制方面，一定要形成自己的竞争优势，因为内容定制维度对用户价值影响的回归系数最大。用户在产品使用过程中最关注的是产品的内容定制水平，只有用户实现内容自定制才是真正意义上的个性化，这也可以解释为什么众多智能互联产品制造厂商在产品设计时尤其注重文本、图片是视频等内容的制作、编辑和处理功能的原因。

（二）用户体验与用户价值间关系的假设验证结果

从表6－30可以得出，感官体验维度、交互体验维度和功能体验维度与用户价值间关系的标准化路径系数分别为0.387、0.529和0.476，P值均在0.001水平上显著，表明感官体验、交互体验和功能体验对用户价值的影响关系模型成立，研究假设中的H2及其三个子假设（H2a、H2b和H2c）都得到了验证和支持。这就说明，企业在智能互联产品开发时，必须要基于用户体验来进行设计。现实中许多企业也考虑了用户体验，但由于对用户体验各维度对用户价值的影响作用不明晰，把更多精力放在了外观设计方面。外观设计固然可以提升用户的感官体验，不过感官体验对用户价值的影响排在交互体验和功能体验之后，因此企业产品用户体验设计的重点需要回归到交互体验和功能体验上面。

（三）内容个性化与用户体验之间关系的假设验证结果

在图6－7所示的完全中介模型和表6－28的拟合检验中，内容优化维度与感官体验、交互体验和功能体验的标准化路径系数分别为0.463、0.684和0.763，P值在0.001的水平上显著，表明内容优化维度对用户体验的三个构成维度均有显著正向影响，研究假设中的H3及其三个子假设（H3a、H3b和H3c）都得到了验证和支持。

内容推荐维度与交互体验和功能体验的标准化路径系数分别为0.673和0.785，P值在0.001的水平上显著；但是内容推荐维度与感官体验之间的标准化路径系数为0.334，P值为0.539，统计检验不显著，表明内容推荐维度对感官体验的影响不显著，研究假设H5得到了部分支持，研究子假设H5b和H5c得到了支持，但同时研究子假设H5a不支持。

内容定制维度与感官体验、交互体验和功能体验的标准化路径系数分别为0.737、0.657和0.678，P值在0.001的水平上显著，表明内容定制维度对用户体验的三个构成维度均有显著正向影响，研究假设中的H4及其三个子假设

（H4a、H4b 和 H4c）都得到了验证和支持。

内容扩展维度与交互体验和功能体验的标准化路径系数分别为 0.531 和 0.579，P 值在 0.001 的水平上显著；但内容扩展维度与感官体验之间的标准化路径系数为 0.416，P 值为 0.575，统计检验不显著，这表明内容扩展维度对感官体验的影响不显著，研究假设 H6 得到了部分支持，研究子假设 H6b 和 H6c 得到了支持，但同时研究子假设 H6a 不支持。

（四）用户体验中介作用的假设验证结果

在此，本书将在拟合优度最高的修正后的内容个性化与用户价值关系的部分中介模型的基础上，分析自变量对中介变量和因变量的总体影响、直接影响和间接影响，以及中介变量对因变量的总体影响和直接影响，结果如表 6 – 31、表 6 – 32、表 6 – 33 和表 6 – 34 所示。

表 6 – 31　内容优化维度对用户体验和用户价值的影响

中介变量和因变量	内容优化维度		
	总体影响	直接影响	间接影响
感官体验	0.572	0.572	—
交互体验	0.852	0.852	—
功能体验	0.860	0.860	—
用户价值	0.414	0.385	0.277

表 6 – 32　内容推荐维度对用户体验和用户价值的影响

中介变量和因变量	内容推荐维度		
	总体影响	直接影响	间接影响
感官体验	—	—	—
交互体验	0.904	0.904	—
功能体验	0.856	0.856	—
用户价值	0.391	0.320	0.172

表 6 – 33　内容定制维度对用户体验和用户价值的影响

中介变量和因变量	内容定制维度		
	总体影响	直接影响	间接影响
感官体验	0.662	0.662	—

续表

中介变量和因变量	内容定制维度		
	总体影响	直接影响	间接影响
交互体验	0.731	0.731	—
功能体验	0.768	0.768	—
用户价值	0.525	0.453	0.134

表6-34　内容扩展维度对用户体验和用户价值的影响

中介变量和因变量	内容扩展维度		
	总体影响	直接影响	间接影响
感官体验	—	—	—
交互体验	0.717	0.717	—
功能体验	0.839	0.839	—
用户价值	0.427	0.392	0.188

从表6-31、表6-32、表6-33和表6-34来看，内容个性化的内容优化维度和内容定制维度通过感官体验的部分中介作用对用户价值产生影响，内容推荐维度和内容扩展维度与用户价值的关系不显著，因此假设H7部分成立。

从表6-31、表6-32、表6-33和表6-34来看，内容个性化的内容优化维度、内容推荐维度、内容定制维度和内容扩展维度通过交互体验的部分中介作用对用户价值产生影响，因此假设H8成立。

从表6-31、表6-32、表6-33和表6-34来看，内容个性化的内容优化维度、内容推荐维度、内容定制维度和内容扩展维度通过功能体验的部分中介作用对用户价值产生影响，因此假设H9成立。

本书所提出的智能互联产品内容个性化、用户体验与用户价值影响关系的研究假设验证结果如表6-35所示。

表6-35　研究理论假设验证结果

标号	假设	结果
H1	智能互联产品的内容个性化对用户价值有正向影响	支持
H1a	智能互联产品的内容优化对用户价值有正向影响	支持
H1b	智能互联产品的内容推荐对用户价值有正向影响	支持

续表

标号	假设	结果
H1c	智能互联产品的内容定制对用户价值有正向影响	支持
H1d	智能互联产品的内容扩展对用户价值有正向影响	支持
H2	智能互联产品的用户体验对用户价值有正向影响	支持
H2a	智能互联产品的感官体验对用户价值有正向影响	支持
H2b	智能互联产品的功能体验对用户价值有正向影响	支持
H2c	智能互联产品的交互体验对用户价值有正向影响	支持
H3	智能互联产品的内容优化对用户体验有正向影响	支持
H3a	智能互联产品的内容优化对感官体验有正向影响	支持
H3b	智能互联产品的内容优化对功能体验有正向影响	支持
H3c	智能互联产品的内容优化对交互体验有正向影响	支持
H4	智能互联产品的内容定制对用户体验有正向影响	支持
H4a	智能互联产品的内容定制对感官体验有正向影响	支持
H4b	智能互联产品的内容定制对功能体验有正向影响	支持
H4c	智能互联产品的内容定制对交互体验有正向影响	支持
H5	智能互联产品的内容推荐对用户体验有正向影响	部分支持
H5a	智能互联产品的内容推荐对感官体验有正向影响	不支持
H5b	智能互联产品的内容推荐对功能体验有正向影响	支持
H5c	智能互联产品的内容推荐对交互体验有正向影响	支持
H6	智能互联产品的内容扩展对用户体验有正向影响	部分支持
H6a	智能互联产品的内容扩展对感官体验有正向影响	不支持
H6b	智能互联产品的内容扩展对功能体验有正向影响	支持
H6c	智能互联产品的内容扩展对交互体验有正向影响	支持
H7	智能互联产品的感官体验在内容个性化作用于对用户价值过程中起到中介作用	部分支持
H8	智能互联产品的交互体验在内容个性化作用于对用户价值过程中起到中介作用	支持
H9	智能互联产品的功能体验在内容个性化作用于对用户价值过程中起到中介作用	支持

第七章　研究结论与展望

第一节　研究结论

随着移动智能手机在人们生活中的普及应用，越来越多的制造企业意识到智能互联产品的市场潜力，纷纷投入智能互联产品的研发和生产中，但我国多数的智能互联产品制造企业目前陷入了“硬件雷同、内容乏力”“低价格、低附加值”的困境。针对这一问题，通过移动智能手机、智能电视、智能汽车等行业的多家企业进行实地调研和访谈，我们发现，造成这种尴尬局面的原因除了企业间的过度竞争之外，还在于企业对智能互联产品及其用户价值产生的机理不了解，没有认识到用户之所以选择智能互联产品来替代传统功能性产品；除了对智能化硬件的追求之外，还在于他们在智能互联产品使用过程中享受到了内容个性化的乐趣。这导致了很多企业在产品研发和设计方面上存在“重硬件、轻内容”的误区，开发出的产品与市场需求相脱节，有需求充沛却难以挖掘，产品无法获得用户认同，不能持续地创造用户价值。

基于此现实背景，围绕智能互联产品用户价值这一根本问题，本书从用户体验的视角出发，探索智能互联产品内容个性化对用户价值影响的内在机理，共研究了三个问题：①什么是内容个性化，智能互联产品内容个性化可以从哪些方面来度量？②智能互联产品内容个性化对用户价值有何影响？③智能互联产品内容个性化是通过什么样的方式来影响用户价值、影响的过程及其作用机理是什么？本书结合智能互联产品理论、内容个性化理论、用户体验理论和用户价值理论，提出智能互联产品内容个性化对用户价值影响关系的机理模型，概括为内容个性化→用户体验→用户价值，并通过用户问卷调查和结构方程模型分析方法进行验证。

本书主要得到以下有价值的结论：

首先，智能互联产品的内容个性化包括内容优化、内容推荐、内容定制和内容扩展四个构成维度。研究发现，智能互联产品内容个性的实现途径有二：一是以企业引导为主的内容个性化，包括内容优化和内容推荐。内容优化关注的是智能互联产品内容的自适应和调整，使产品始终处在一个较佳的状态；内容推荐则是产品能够适时向用户推荐合适的内容资源。二是以用户自发为主的内容个性化，包括内容定制和内容扩展。内容定制更多考虑的是用户的内容“DIY”能力，即允许用户根据自己的实际需要编辑、查找和生成一些内容；内容扩展则是用户利用智能互联产品的移动互联特性，从内部和外部网络中获得相关的增值内容服务。

其次，智能互联产品内容个性化对用户价值具有显著的正向影响作用。研究结果表明，智能互联产品的内容个性化的四个构成维度对用户价值均具有显著正向影响作用，但影响程度有所差异：对用户价值影响最为显著的是内容定制，接下来分别是内容推荐、内容扩展和内容优化。因此，企业在进行智能互联产品内容个性化设计的时候，除了给用户留下足够的内容定制空间之外，还要重视内容的推荐、扩展和优化。

最后，内容个性化会正向影响智能互联产品的用户体验，最终影响用户价值，这两种影响都是显著性的。研究结果表明，智能互联产品的用户体验可分为感官体验、交互体验和功能体验三个维度，三个维度的用户体验都对智能互联产品的用户价值有显著影响；内容个性化对用户价值的影响实际上是通过感官体验、交互体验和功能体验来完成的，但从影响路径看，内容优化和用户体验可通过三种用户体验影响用户价值，而内容推荐和内容扩展主要通过交互体验和功能体验影响用户价值。

第二节　理论贡献和实践启示

一、理论贡献

本书的理论贡献有三点：

（1）开拓了智能互联产品理论和内容个性化理论研究的新视角。对智能互联产品理论研究来说，首次从用户体验的视角出发，探索智能互联产品内容个性化对用户价值影响的内在机理，开拓了智能互联产品理论研究的新视角；对于内容个性化理论研究而言，分别从企业和用户视角出发，创造性地提出了实现智能互联产品内容个性化的两条路径——企业引导的内容个性化和用户自发的内容个性化，进一步将之分解为内容优化、内容推荐、内容定制和内容扩展四个构成维度，并通过问卷调查进行了验证。

（2）在综合梳理智能互联产品和用户体验研究领域相关研究文献的基础之上，将智能互联产品的用户体验划分为感官体验、交互体验和功能体验三种，是对智能互联产品用户体验理论研究的有益补充；通过探索性案例分析分别指出了智能互联产品内容个性化对用户体验的影响作用和智能互联产品用户体验对用户价值的影响作用关系，不仅为本书的智能互联产品内容个性化、用户体验和用户价值影响关系机理模型提供理论基础，也在一定程度上弥补了国内外相关研究的缺陷。

（3）构建并验证了智能互联产品的“内容个性化→用户体验→用户价值”模型。在对智能互联产品内容个性化及用户体验维度进行分析的基础上，考虑了用户体验的中介作用，从而打开了智能互联产品内容个性化如何影响用户价值这一黑箱；采用验证性因子分析和结构方程模型方法，对内容个性化通过正向影响智能互联产品用户体验而影响用户价值的机理进行了探讨，证实了用户体验在此过程中的中介作用。

二、实践启示

实证研究的目的是揭示智能互联产品内容个性化对用户价值的影响关系及其作用机理，为企业智能互联产品开发实践提供理论参考。通过前文的用户调查和假设检验分析，为我国智能互联产品制造企业产品开发管理提出如下建议：

（一）企业应该将内容个性化作为重点突破方向

根据本书实证研究结果，智能互联产品内容个性化对用户价值具有正向影响作用。智能互联产品的用户价值包括用户满意度、用户忠诚度、持续使用意愿以及品牌信任等。在智能互联产品硬件在短期内难以避免的走向同质化的前提下，企业可以在内容个性化方面寻求突破，开发出能够满足用户内容个性化需求的产品，在产品使用过程中持续地创造出用户价值。

研究结果表明，企业的内容个性化设计可从内容优化、内容推荐、内容定制和内容扩展四个方面展开。在内容优化方面，要开发出足够的优化空间，如利用智能互联产品自治性的特征，自动过滤不良或陈旧的内容，自动维护系统的稳定性；利用产品所提供的优化软件，定期或不定期清理冗余信息、软件和数据，留下自己需要的内容等。在内容推荐方面，要采用多种推荐方式相结合的方法，提供亲和的推荐呈现方式，让用户了解推荐选项的来由，增强用户对推荐结果的信任度；同时，要重视元数据类内容的推荐，如能够根据应用情景来推荐界面、操作或应用模式等。在内容定制方面，首先，不妨考虑通过内容搜索、订阅和编辑等实现，让用户可以根据自己的实际需求在内外部网络中搜索符合所需内容。其次，允许用户根据需要订阅自己偏好的内容类型，或是订阅与产品运行状态密切相关的内容。最后，要确保用户能够在一定范围内对信息和元数据进行编辑，如设置自动存储的信息类型、植入或安装新型内容模块等。内容扩展方面，要求产品系统要具有可扩展性，能够适应快速的产品更新换代速度，新一代产品推出的新内容也能在旧产品上扩展实现；要兼顾功能性扩展和休闲性扩展，功能性扩展和休闲性扩展均是内容增值服务，目前许多制造厂商把精力集中在功能性扩展上，相对忽视休闲性扩展。实际上，休闲性和功能性扩展相结合，可以让用户在工作之余充分利用其碎片时间，逐渐形成用户黏性。

（二）“智能”也应该体现在内容个性化方面

何种产品才能算是真正意义上的智能互联产品？从内涵上看，智能互联产品具有“互联性”和“智能化”两大特征。对于“互联性”，大家的理解都没有偏差，目前企业们推出的各种智能互联产品均已经实现了基于网络的互联，不过仅仅有网络互联还不够，毕竟市场上的一些功能性产品亦可实现网络互联，可见“智能化”才是智能互联产品的根本属性。如何实现产品的智能化？研究人员从自治性、实时监测、反应性、交互性等方面给出不同的观点，为企业智能互联产品开发提供了理论指导，但站在用户的角度，他们关注的不是产品有哪些智能属性，而是这些智能化属性能够给他们带来什么便利和价值。

如前文所述，智能互联产品的用户价值更多指的是未来价值，即产品使用过程中的价值，来源于企业为持续提升产品用户体验而提供的个性化内容服务。企业在进行智能互联产品开发设计时，不能纯粹为了追求智能化而把各种智能属性不假思索地添加到产品中，判别的标准应该是哪种智能属性能够更好地实现产品使用中的内容个性化服务。例如自治性，在现有的智能互联产品概念模型中，自治性均被看作最高级别的智能，但受限于技术发展水平，完全意义上的产品硬件自主思考和自主控制目前还难以实现。不过本书的用户调查表明，在产品自治性方面，用户的期望值并不高，大多数用户认为内容方面的自治或半自治亦可接受。因此，智能互联产品研发工作应该循序渐进展开，在硬件自治性短期难于突破的前提下，完全可以先将重心放在内容的自治性上，通过系统软件、应用软件和产品界面等元数据类内容的自动更新和优化来实现。

实时监测方面亦是如此。企业的关注点在于通过引进“实时监测”属性，可以获得用户产品消费和使用的第一手数据，凭此勾勒出个性化的消费特征，精准地分析用户行为，从而及时准确地推出新产品和改进旧产品，增强用户黏性。对用户来说，则是可以随时了解产品运行状态，获得对产品“了如指掌”的特殊体验，可更自如和放心地使用产品。因此，在产品研发时，要提高嵌入模块和软件系统的运行效率，增强实时网络的运行效率和响应速度。此外，还要把重心放在“状态响应”上，要求智能互联产品可以对自身状况做出一些简单的响应，如发出警报和推送通知给用户等。实时监测与内容推荐相结合，便可以给用户提供真正符合其实际需要的个性化内容。

（三）智能和内容个性化的实现都要基于用户体验

产品是价值的承载物，体现了企业对优化价值的理解力和表现力。用户体验是基于自我标准的，任何一个产品都需要在价值创造上体现出与众不同的差异化。企业不仅要为用户提供产品和服务，也要为用户提供各种可以使用户留下难以忘怀的愉悦感和美好记忆的体验。企业基于用户体验来进行智能互联产品的内容个性化设计，形成独特的用户体验，这是规避同质化竞争的最有效方式。

在考虑通过内容个性化设计来提升智能互联产品用户体验时，正确的顺序应该是交互体验、功能体验和感官体验。现实中，许多企业确实也是围绕用户体验进行产品开发和设计的，但由于对用户体验各维度对用户价值的影响作用不是很确定，大多企业把重心放在了外观设计方面的感官体验上。感官体验固然可以影响用户价值，不过需要注意的是，感官体验对用户价值的影响要排在交互体验和功能体验之后，企业要持续创造用户价值，必须跨越外观设计感官体验的层次，上升到交互体验和功能体验层面。

对于交互体验，智能互联产品一定要能让用户感到简便易操控、交互性强并能提高用户的操作效率。这方面，未来可以重点发展的方向有三个：一是提高远程交互的范围、精准度和效率。当前一些智能互联产品已经可以进行一些简单的远程操控了，但在范围、精准度和效率方面不尽如人意，使得实用性大打折扣。二是向智能服务方面发展。如远程维护和远程升级，通过用户口令，产品系统技术服务工程师可以远程控制目标，对产品进行配置、安装、维护和管理，解决以往服务工程师必须亲临现场才能处理的问题，减少维护成本。三是提高交互的个性化程度，提供手势、语音等多种交互模式，同时每种交互模式都有多种方式可供选择，如用户需要简化交互便有简易的交互方案，用户需要自主操作便可切换至手动模式等。

对于功能体验，一定要让用户明显感受到智能互联产品与传统功能性产品之间的差异，具有传统功能性产品所不具备的优势。企业应该结合具体产品的特点，开发出有其特色的智能化功能，而非将移动智能手机的功能直接照搬。例如，对于智能电视产品，其最主要的作用是提供视频方面的休闲娱乐，所以在进行内容个性化设计的时候，一定要以此为核心，想办法将智能电视打造成一个家庭视频娱乐中心，用户可以搜索电视频道、录制电视节目、能够播放卫星和有线电视节目以及网络视频等；至于智能手表这类的产品而言，交互界面太小是其软肋，所以不妨利用产品的移动互联性，在内容扩展方面多下功夫。

第三节　研究局限与未来研究展望

本书综合运用智能互联产品理论、内容个性化理论、用户体验理论和用户价值理论，梳理了智能互联产品及其内容个性化的内涵、特征和构成维度，深入探讨了智能互联产品内容个性化、用户体验和用户价值之间影响关系的内在机理，完善和丰富了智能互联产品理论，取得了一些有意义的研究结论。然而，智能互联产品毕竟是一个新兴的研究问题，国内外文献中对智能互联产品用户价值方面的介绍还很少，从内容个性化方面展开研究的更是没有。为了验证本研究提出的研究模型和假设，作者在西安、广西和湖北进行了大量的实地调查和长时间的文献阅读，本书已经初步揭示了智能互联产品内容个性化对用户价值影响的内在机理，并解决了其中的部分问题。本书也认为，这些研究还只是初步的，只是起点，而绝非终点。由于所研究问题的复杂性和时间限制，本书还存在许多不足，需要在今后的研究工作中进行进一步的深入探讨和完善。

（1）样本收集方面的局限性。本书在收集研究样本时已经尽量考虑了不同地区、不同类型的智能互联产品用户，但因为作者时间和人际关系有限，所收集的数据主要集中在陕西、广西和湖北三地，这导致本书样本具有一定的地域局限性，在未来的研究中，希望可以通过收集更多不同地域的数据来对结果进行验证。

（2）研究对象方面的局限性。本书的研究对象为智能互联产品，按照 McFarlane（2008）和 Porter（2015）等学者的观点，智能互联产品既包括移动智能手机、智能汽车、智能家电等日常消费型的智能互联产品，也包括用于生产制造的机械、设备等工业型的智能互联产品。本书考虑到调查样本的可获性，在案例分析和问卷调查上均选择的是日常消费型的智能互联产品及其用户，这可能会导致某些研究结论未必适用于工业型智能互联产品。在未来的研究中，希望能够把工业型智能互联产品纳入研究样本中，进一步修正本书的理论模型。

（3）研究模型方面的局限性。本研究提出了“内容个性化→用户体验→用户价值”的研究理论模型，将智能互联产品的内容个性化分解为内容优化、内容推荐、内容定制和内容扩展四个维度，将智能互联产品的用户体验分解为感官体验、交互体验和功能体验三个维度，然后分别探讨各个变量之间的影响作用关系。在模型构建和假设提出过程中，并未考虑各变量构成维度之间的交互作用，尤其是对内容个性化而言，在案例分析和用户调研中发现，内容优化、内容推荐、内容定制和内容扩展之间是有一定的影响关系的，未来可以尝试将之引入模型中进行研究。

附录

附录1：智能互联产品内容个性化与用户价值的预调研问卷

问卷编号：__________ 日期：_____年_____月_____日

尊敬的女士/先生：

您好！感谢您在百忙之中接受我们的问卷调查。此调查问卷是为研究智能互联产品内容个性化的构成及其对用户价值的影响，是纯学术性的研究。您所提供的所有信息仅供研究分析，没有任何商业目的。本问卷采用匿名的方式作答，问卷没有标准答案，请在您认为最合适描述自己状况的问题前的“□”处打“√”，非常感谢您的帮助。

第一部分：问卷填写者个人基本信息

1. 您的性别：

□男 □女

2. 您所处的年龄段（周岁）：

□18岁以下 □18~24岁 □25~30岁 □31~35岁

□36~40岁 □41~50岁 □51~60岁 □61岁以上

3. 您的受教育程度：

□高中及以下 □大学专科 □大学本科 □硕士

□博士

4. 您所从事的职业：

□教师　□学生　□企事业单位

□机关单位　□商业、服务　□其他

5. 您所使用的产品：

□智能汽车　□智能手机

□可穿戴设备（智能手表、手环等）

□智能家电　□其他

6. 您使用该产品的时间：

□0.5 年以下　□0.5 ~1 年　□1 ~2 年

□2 ~3 年　□3 ~4 年　□4 年以上

第二部分：正式问卷

说明：请在您认为最合适的分数上打“√”

（一）内容个性化 请根据第一印象在问题的右边勾选	完全 不同意	很不 同意	有点 不同意	无明显 态度	有点 同意	很同意	完全 同意
1. 该产品的系统及软件内容可以实时更新	1	2	3	4	5	6	7
2. 我可以对该产品的界面、页面等内容进行优化布置	1	2	3	4	5	6	7
3. 该产品可通过手动或自动的方式过滤不良或陈旧的内容	1	2	3	4	5	6	7
4. 浏览内容时内容页面的大小、陈列方式等均可以按需调整	1	2	3	4	5	6	7
5. 我可以对该产品呈现的字体、色彩等内容进行优化调整	1	2	3	4	5	6	7
6. 我可以根据自己的偏好来优化设计产品用户中心	1	2	3	4	5	6	7
7. 该产品能根据我的操作或浏览记录推荐一些内容	1	2	3	4	5	6	7
8. 该产品能够给我推荐一些用户关注率较高的内容	1	2	3	4	5	6	7

续表

（一）内容个性化 请根据第一印象在问题的右边勾选	完全不同意	很不同意	有点不同意	无明显态度	有点同意	很同意	完全同意
9. 该产品能够根据我的兴趣爱好信息来推荐相关内容	1	2	3	4	5	6	7
10. 该产品能够给我推送各种形式的消息和内容	1	2	3	4	5	6	7
11. 该产品会主动给我推荐一些其他方面的内容	1	2	3	4	5	6	7
12. 我能够对该产品的文本、图像、视频等内容进行编辑	1	2	3	4	5	6	7
13. 我能够利用该产品来订阅或预订相关内容	1	2	3	4	5	6	7
14. 我能够通过检索的方式找到自己所需要的内容	1	2	3	4	5	6	7
15. 该产品的许多内容要素均提供多个选项以供选择	1	2	3	4	5	6	7
16. 我能够利用该产品创建或删除文本、图片、视频等内容	1	2	3	4	5	6	7
17. 可以通过该产品与我的家人或朋友互相分享内容	1	2	3	4	5	6	7
18. 我可以连接并获得其他智能设备上的相关内容	1	2	3	4	5	6	7
19. 该产品可以通过自动感应获得地理位置等方面内容信息	1	2	3	4	5	6	7
20. 不同类型和格式的内容都可以在该产品上浏览或编辑	1	2	3	4	5	6	7
21. 我能够利用该产品下载应用、视频或游戏	1	2	3	4	5	6	7
（二）用户体验 请根据第一印象在问题的右边勾选	完全不同意	很不同意	有点不同意	无明显态度	有点同意	很同意	完全同意
1. 该产品的界面和页面让我感觉舒适和温馨	1	2	3	4	5	6	7

续表

（二）用户体验 请根据第一印象在问题的右边勾选	完全 不同意	很不 同意	有点 不同意	无明显 态度	有点同意	很同意	完全 同意
2. 该产品的界面和页面布局合理、主次分明	1	2	3	4	5	6	7
3. 该产品的界面和页面色彩搭配协调、赏心悦目	1	2	3	4	5	6	7
4. 该产品系统的分类导航设计清晰合理	1	2	3	4	5	6	7
5. 总的来说该产品操作简单、不易出错	1	2	3	4	5	6	7
6. 该产品的系统和软件运行速度非常快	1	2	3	4	5	6	7
7. 该产品的输入、触屏或语音系统很好用	1	2	3	4	5	6	7
8. 该产品的页面加载和操作反馈速度非常快	1	2	3	4	5	6	7
9. 该产品的操作引导和提示让我觉得很温馨	1	2	3	4	5	6	7
10. 传统功能性产品提供的功能该产品都具备了	1	2	3	4	5	6	7
11. 该产品的新功能非常好用	1	2	3	4	5	6	7
12. 该产品提供了不少新的、实用的智能功能	1	2	3	4	5	6	7
13. 总的来说该产品的功能很强大	1	2	3	4	5	6	7
（三）用户价值 请根据第一印象在问题的右边勾选	完全 不同意	很不 同意	有点 不同意	无明显 态度	有点 同意	很同意	完全 同意
1. 总体来说我对该产品非常满意	1	2	3	4	5	6	7
2. 我会向我的家人和朋友推荐该产品	1	2	3	4	5	6	7
3. 我下次还会继续购买该品牌的产品	1	2	3	4	5	6	7
4. 我对该产品的品牌和生产企业很信任	1	2	3	4	5	6	7
5. 我很乐意围绕该产品进行二次消费	1	2	3	4	5	6	7

感谢您在百忙之中填写问卷，您的支持与帮助将成为鞭策我们做好此项研究的动力。

敬祝：事业蒸蒸日上！

西安理工大学

附录2：智能互联产品内容个性化与用户价值的正式调研问卷

问卷编号：______________　　　　　　　日期：______年______月______日

尊敬的女士/先生：

您好！感谢您在百忙之中接受我们的问卷调查。此调查问卷是为研究智能互联产品内容个性化的构成及其对用户价值的影响，是纯学术性的研究。您所提供的所有信息仅供研究分析，没有任何商业目的。本问卷采用匿名的方式作答，问卷没有标准答案，请在您认为最合适自己状况的问题前的“□”处打“√”，非常感谢您的帮助。

第一部分：问卷填写者个人基本信息

1. 您的性别：

□男　□女

2. 您所处的年龄段（周岁）：

□18岁以下　□18～24岁　□25～30岁　□31～35岁

□36～40岁　□41～50岁　□51～60岁　□61岁以上

3. 您的教育程度：

□高中及以下　□大学专科　□大学本科　□硕士

□博士

4. 您所从事的职业：

□教师　□学生　□企业、事业单位

□机关单位　□商业、服务　□其他

5. 您所使用的产品：

□智能汽车　□智能手机

□可穿戴设备（智能手表、手环等）

□智能家电　□其他

6. 您使用该产品的时间：

□0.5 年以下　　□0.5~1 年　　□1~2 年
□2~3 年　　□3~4 年　　□4 年以上

第二部分：正式问卷

说明：请在您认为最合适的分数上打“√”

（一）内容个性化 请根据第一印象在问题的右边勾选	完全不同意	很不同意	有点不同意	无明显态度	有点同意	很同意	完全同意
1. 该产品的系统及软件内容可以实时更新	1	2	3	4	5	6	7
2. 我可以对该产品的界面、页面等内容进行优化布置	1	2	3	4	5	6	7
3. 该产品可通过手动或自动的方式过滤不良或陈旧的内容	1	2	3	4	5	6	7
4. 浏览内容时内容页面的大小、陈列方式等均可以按需调整	1	2	3	4	5	6	7
5. 我可以对该产品呈现的字体、色彩等内容进行优化调整	1	2	3	4	5	6	7
6. 该产品能根据我的操作或浏览记录推荐一些内容	1	2	3	4	5	6	7
7. 该产品能够给我推荐一些用户关注率较高的内容	1	2	3	4	5	6	7
8. 该产品能够根据我的兴趣爱好信息来推荐相关内容	1	2	3	4	5	6	7
9. 该产品能够给我推送各种形式的消息和内容	1	2	3	4	5	6	7
10. 我能够对该产品的文本、图像、视频等内容进行编辑	1	2	3	4	5	6	7
11. 我能够利用该产品来订阅或预订相关内容	1	2	3	4	5	6	7
12. 我能够通过检索的方式找到自己所需要的内容	1	2	3	4	5	6	7
13. 该产品的许多内容要素均提供多个选项以供选择	1	2	3	4	5	6	7

续表

（一）内容个性化 请根据第一印象在问题的右边勾选	完全不同意	很不同意	有点不同意	无明显态度	有点同意	很同意	完全同意
14. 我能够利用该产品创建或删除文本、图片、视频等内容	1	2	3	4	5	6	7
15. 可以通过该产品与我的家人或朋友互相分享内容	1	2	3	4	5	6	7
16. 我可以连接并获得其他智能设备上的相关内容	1	2	3	4	5	6	7
17. 该产品可以通过自动感应获得地理位置等方面内容信息	1	2	3	4	5	6	7
18. 我能够利用该产品下载应用、视频或游戏	1	2	3	4	5	6	7
（二）用户体验 请根据第一印象在问题的右边勾选	完全不同意	很不同意	有点不同意	无明显态度	有点同意	很同意	完全同意
1. 该产品的界面和页面让我感觉舒适和温馨	1	2	3	4	5	6	7
2. 该产品的界面和页面布局合理、主次分明	1	2	3	4	5	6	7
3. 该产品的界面和页面色彩搭配协调、赏心悦目	1	2	3	4	5	6	7
4. 该产品系统的分类导航设计清晰合理	1	2	3	4	5	6	7
5. 总的来说该产品操作简单、不易出错	1	2	3	4	5	6	7
6. 该产品的输入、触屏或语音系统很好用	1	2	3	4	5	6	7
7. 该产品的页面加载和操作反馈速度非常快	1	2	3	4	5	6	7
8. 该产品的操作引导和提示让我觉得很温馨	1	2	3	4	5	6	7
9. 传统功能性产品提供的功能该产品都具备了	1	2	3	4	5	6	7
10. 该产品的新功能非常好用	1	2	3	4	5	6	7
11. 该产品提供了不少新的、实用的智能功能	1	2	3	4	5	6	7
12. 总的来说该产品的功能很强大	1	2	3	4	5	6	7

续表

（三）用户价值 请根据第一印象在问题的右边勾选	完全 不同意	很不 同意	有点 不同意	无明显 态度	有点 同意	很同意	完全 同意
1. 总体来说我对该产品非常满意	1	2	3	4	5	6	7
2. 我会向我的家人和朋友推荐该产品	1	2	3	4	5	6	7
3. 我下次还会继续购买该品牌的产品	1	2	3	4	5	6	7
4. 我对该产品的品牌和生产企业很信任	1	2	3	4	5	6	7
5. 我很乐意围绕该产品进行二次消费	1	2	3	4	5	6	7

感谢您在百忙之中填写问卷，您的支持与帮助将成为鞭策我们做好此项研究的动力。

敬祝：事业蒸蒸日上！

西安理工大学

参考文献

[1] [美] 科特勒，[美] 凯勒著．营销管理 [M]．北京：清华大学出版社，2003.

[2] 边雅静，毛炳寰，张振兴．品牌体验对品牌忠诚的影响机制分析——基于餐饮品牌的实证研究 [J]．数理统计与管理，2012，31 (4)：670 -680.

[3] 蔡淑琴，马玉涛，肖泉，等．基于超图设计模型的用户创造内容产品族设计映射研究 [J]．情报学报，2011，30 (4)：66 -73.

[4] 陈博，金永生．购物网站的个性化推荐对网络购物体验影响的实证研究 [J]．北京邮电大学学报 (社会科学版)，2013，15 (6)：45 -51.

[5] 陈建勋．顾客体验的多层次性及延长其生命周期的战略选择 [J]．统计与决策，2005 (6)：109 -111.

[6] 陈炬．以体验为导向的产品设计 [J]．苏州工艺美术职业技术学院学报，2008 (3)：21 -23.

[7] 陈娟，钟雨露，邓胜利．移动社交平台用户体验的影响因素分析与实证——以微信为例 [J]．情报理论与实践，2016，39 (1)：95 -71.

[8] 陈明亮，李怀祖．客户价值细分与保持策略研究 [J]．成组技术与生产现代化，2001 (4)：23 -27.

[9] 陈通，喻银军．客户价值模型及对企业价值影响的研究 [J]．西安电子科技大学学报 (社会科学版)，2006，16 (5)：11 -16.

[10] 程丽娟．产品定制过程中默认选项对顾客决策行为的影响 [J]．首都经济贸易大学学报 (双月刊)，2016，18 (6)：95 -102.

[11] 郭红丽．客户体验维度识别的实证研究——以电信行业为例 [J]．管理科学，2006，19 (1)：59 -66.

[12] 韩毅．基于 DTD 的 XML 文档内容检索研究 [J]．情报科学，2006，

24 (3): 409 -412.

［13］郝阔. 微博 App 界面优化设计［D］. 昆明理工大学硕士学位论文, 2015.

［14］贺和平, 周志民. 基于消费者体验的在线购物价值研究［J］. 商业经济与管理, 2013, 3 (257): 63 -73.

［15］胡昌平. 现代信息管理机制研究［M］. 武汉: 武汉大学出版社, 2004: 5.

［16］胡明辉. 人机交互等待状态的用户体验研究和设计对策——基于认知心理的交互等待界面设计研究［D］. 北京理工大学硕士学位论文, 2015.

［17］黄芳铭. 结构方程模式［M］. 北京: 中国税务出版社, 2005.

［18］纪阳, 孙婷婷. 规模驱动的智能硬件产业创新模式［J］. 物联网技术, 2015 (4): 77 -81.

［19］姜婷婷, 范水香, 王昊. 高校图书馆 OPAC 中的分面搜索对用户体验的影响—基于不同任务的对比实验分析［J］. 图书情报工作, 2015, 59 (4): 114 -122.

［20］蒋豪, 薛影, 朱东旦. 高校虚拟学习社区用户满意度评价: 结构维度、量表开发与测度［J］. 情报杂志, 2016, 35 (9): 199 -205.

［21］金海. 移动通信产品的用户体验设计原则与评估［J］. 美术大观, 2012 (2): 139 -139.

［22］金嘉. 智能手机中社交型 LBS 的用户体验设计研究［D］. 上海交通大学博士学位论文, 2011. 12.

［23］李怀祖. 管理研究方法论［M］. 西安: 西安交通大学出版社, 2000.

［24］李建伟. 智能手机用户体验评测系统研究与实现［D］. 北京邮电大学博士学位论文, 2012. 6.

［25］李俊岭, 牛梦英, 李利利. 备选项序列特征对动态决策行为影响的实验研究［J］. 河北师范大学学报 (哲学社会科学版), 2009, 32 (2): 160 -165.

［26］李启庚, 薛可, 杨芳平. 消费者关系依恋对品牌体验和重购意向的影响研究［J］. 经济与管理研究, 2011 (9): 96 -105.

［27］李韬奋, 郭鹏, 杨水利. 高校移动图书馆内容个性化的构成维度实证研究［J］. 图书情报工作, 2016, 60 (19): 92 -98.

［28］李鑫, 蒲东兵, 吕健雄. 基于移动终端图像内容检索系统的设计

[J]. 东北师大学报（自然科学版），2016，48（1）：72-77.

[29] 李阳晖，吴红梅，赖全萍. 用户体验与数字图书馆个性化服务的关系分析 [J]. 图书情报工作，2009，53（11）：88-91.

[30] 梁健爱. 基于消费者体验的营销对策探讨 [J]. 广西社会科学，2004（9）：45-47.

[31] 刘建新，孙明贵. 顾客体验的形成机理与体验营销 [J]. 财经论丛（浙江财经大学学报），2006，26（3）：95-101.

[32] 刘婧. 基于用户体验的移动终端内容管理系统优化研究 [D]. 黑龙江大学博士学位论文，2014. 3.

[33] 刘玲. 基于 Topsis 思想的内容推荐算法研究 [J]. 数学的实践与认识，2012，42（16）：113-120.

[34] 刘敏. 基于用户体验的中英文搜索引擎实证对比研究 [J]. 图书馆学研究，2015（4）：59-66.

[35] 刘伟. 一种 Web 评论自动抽取方法 [J]. 软件学报，2010，32（12）：3220-3236.

[36] 刘文波，陈荣秋. 基于顾客参与的顾客感知价值管理策略研究 [J]. 武汉科技大学学报（社会科学版），2009（2）：49-53.

[37] 刘燕，蒲波，官振中. 沉浸理论视角下旅游消费者在线体验对再预订的影响 [J]. 旅游学刊，2016，31（9）：85-96.

[38] 柳瑶，郎宇洁，李凌. 微博用户生成内容的动机研究 [J]. 图书情报工作，2013，57（10）：51-57.

[39] 楼尊. 参与的乐趣——一个有中介的调节模型 [J]. 管理科学，2010，23（2）：69-76.

[40] 卢纹岱. SPSS for Windows 统计分析 [M]. 北京：电子工业出版社，2000.

[41] 卢余. 基于在线品牌社群的用户生成内容互动效用对消费者品牌态度的影响——人际易感性的调节作用 [D]. 大连：东北财经大学硕士学位，2013. 1

[42] 罗仕鉴，朱上上，应放天. 手机界面中基于情境的用户体验设计 [J]. 计算机集成制造系统，2010，16（2）：239-248.

[43] 马庆国. 管理统计：数据获取、统计原理、SPSS 工具与应用研究 [M]. 北京：科学出版社，2002.

［44］马一翔，冯志勇，陈世展．移动终端应用的个性化混搭方法［J］．计算机工程与应用，2016，52（16）：110－117.

［45］么媛媛，郑建程．用户生成内容（UGC）的元数据研究［J］．图书馆学研究，2014.9（3）：68－73.

［46］孟庆良，韩玉启，陈晓君．基于客户视角的客户价值研究及其对CRM绩效的影响［J］．中国管理科学，2004，12（Z1）：378－382.

［47］聂华，朱本军．北京大学图书馆移动服务的探索与实践［J］．图书情报工作，2013，57（4）：16－20.

［48］宁连举，牟焕森，商浩．基于消费者视角的在线产品体验价值研究［J］．河南师范大学学报（哲学社会科学版），2012，39（2）：138－141.

［49］权明富，齐佳音，舒华英．客户价值评价指标体系设计［［J］．南开管理评论，2004，7（3）：17－23.

［50］全晓东，王诚．基于Windows终端的视频扩展［J］．计算机工程与应用，2003，39（36）：123－124.

［51］荣泰生．活用Excel精通行销研究［M］．北京：中国税务出版社，2005.

［52］申腊梅．多媒体信息呈现方式、问题类型对阅读效果的影响研究［J］．价值工程．（3）：34－39.

［53］孙海法，刘运国，方琳．案例研究的方法论［J］．科研管理，2004（2）：107－112.

［54］孙乃娟，李辉．感知互动一定能产生顾客满意吗？——基于体验价值、消费者涉入度、任务类型作用机制的实证研究［J］．经济管理，2011，33（12）：107－119.

［55］万晓榆，吴继飞，李巧．服务重要性和服务类型对选项框架效应的调节作用——基于信息服务在线定制的实验研究［J］．软科学，2015，29（1）：115－120.

［56］汪涛，崔楠，杨奎．顾客参与对顾客感知价值的影响：基于心理账户理论［J］．商业经济与管理，2009，217（11）：81－89.

［57］王刚，蒲国林，邱玉辉．一个基于社会网络的内容推荐模型研究［J］．计算机应用与软件，2012，23（12）：47－51.

［58］王艳芝，韩德昌．顾客如何感知大规模定制——基于顾客自我效能、选项呈现方式与定制满意的实证研究［J］．软科学，2012，26（4）：140－145.

［59］王毅，杨一翁，周南．基于消费者体验的网络推荐系统研究综述［C］．2013 年 jms 第十届中国营销科学学术年会暨博士生论坛，2013：1－18.

［60］王重鸣．心理学研究方法［M］．北京：人民教育出版社，1990.

［61］翁彦琴，彭希珺．爱思唯尔（Elsevier）语义出版模式研究［J］．中国科技期刊研究，2014，20（10）：32－36.

［62］吴掬鸥．基于用户体验的智能硬件终端 App 界面设计探讨［J］．信息化建设，2016（6）：32－39.

［63］吴水龙，刘长琳，卢泰宏．品牌体验对品牌忠诚的影响：品牌社区的中介作用［J］．商业经济与管理，2009，23（7）：80－90.

［64］夏永林，许治华．客户价值评价体系设计及模型创新［J］．西安电子科技大学学报（社会科学版），2007，17（5）：20－27.

［65］项保华，张建东．案例研究方法和战略管理研究［J］．自然辩证法通讯，2005（5）：62－66.

［66］肖倩，韩婷，张聪．社会化媒体环境中的数字阅读物推荐及其用户体验研究——以豆瓣阅读为例［J］．科技与出版，2014（11）：64－69.

［67］谢萃．基于用户体验的智能硬件终端界面设计研究［D］．华东理工大学博士学位论文，2014.12.

［68］谢湖伟，霍昀昊，聂娟．移动数字阅读发展趋势研究——从 App 新闻阅读看移动数字阅读用户体验构建［J］．出版科学，2013，21（6）：7－13.

［69］谢毓湘，栾悉道，吴玲达．支持基于内容检索的媒体语义特征分析平台［J］．计算机应用研究，2010，27（7）：2523－2527.

［70］闫娜，闫蕾．基于 Android 的个性化天气预报系统的设计与软件实现［J］．计算机光盘软件与应用，2012，9（7）：155－156.

［71］杨龙，王永贵．顾客价值及其驱动因素剖析［J］．管理世界，2002（6）：146－147.

［72］杨若男．基于用户体验的智能手机交互设计研究［D］．湖南大学博士学位论文，2007.5.

［73］于全辉，孟卫东．从客户价值到客户关系价值［J］．经济管理，2004（6）：31－35.

［74］于泳红，汪航．选项数量和属性重要性对决策中信息加工的影响［J］．应用心理学，2005，11（3）：222－227.

［75］俞湘珍．基于设计的创新过程机理研究——组织学习的视角［D］．

浙江大学博士学位论文，2011. 6.

［76］张存芬，李发林．客户价值的评价要素分析［J］．中国商界，2010（8）：222－223.

［77］张大亮，马英俊．客户价值构成及其影响因素的实证研究［J］．管理工程学报，2006，20（4）：42－45.

［78］张广宇，张梦．定制化情境下旅游服务购买决策的目标框架效应［J］．旅游学刊，2016，31（1）：57－67.

［79］张海滨．信息化魂绕“中国梦”［J］．信息化建设，2013（12）：12－13.

［80］张红明．消费体验的五维系统分类及应用［J］．企业活力，2005（8）：18－19.

［81］张磊．上海图书馆移动服务实践与创新［J］．图书情报工作，2013，57（4）：11－16.

［82］张明立，胡运权．基于顾客价值供求模型的价值决策分析［J］．哈尔滨工业大学学报，2003，5（3）：45－49.

［83］章小初．移动商务客户价值创造机制研究［D］．浙江大学博士学位论文，2012. 5.

［84］赵望野．用户体验在数字产品设计中的应用模式研究［J］．机械工程师，2008（7）：136－139.

［85］赵宇峰．定制式网络表情系统设计及其用户体验研究［D］．哈尔滨工业大学博士学位论文，2015. 7.

［86］智力，贾敏．体验设计在产品设计中的应用［J］．现代装饰（理论），2011（6）：44－48.

［87］钟科，王海忠，杨晨．感官营销战略在服务失败中的运用：触觉体验缓解顾客抱怨的实证研究［J］．中国工业经济，2014（1）：114－126.

［88］周兵，郝伟伟，袁社锋．一种适合于监控视频内容检索的关键帧提取新方法［J］．郑州大学学报（工学版），2013，34（3）：102－106.

［89］朱世平．体验营销及其模型构造［J］．商业经济与管理，2003（5）：25－27.

［90］Alan，S.，Stephen，E.．Intelligent Design of Intelligent Products［C］．1992 IEE Colloquium on. London：IEE，1992.

［91］Anderson，C.．The Long Tail：Why the Future of Business is Selling Less of More [M] . New York: Hyperion, 2006.

[92] Bagchi, R, Cheema, A.. The Effect of Red Background Color on Willingness - to - pay: the Moderating Role of Selling Mechanism [J] . Journal of Consumer Research, 2013, 39 (5): 947 -960.

[93] Bagozzi, R. P. , Yi, Y.. On the evaluation of structure equation models [J] . Journal of the Academy of Marketing Science, 1998, 16 (1): 74 -94.

[94] Baker, J. , Parasuraman, A. , Grewal, D.. The influence of multiple store environment cues on perceived merchandise value and patronage intentions [J] . Journal of Marketing, 2002 (2): 33 -45.

[95] Baladron, C. , Aguiar, J. , Carro, B. , et al.. Digital foot printing: uncovering tourists with user - generated contents [J] . Pervasive Computing, 2008, 44 (12): 43 -55.

[96] Balasubramanian, S. , Mahajan, V.. The economic leverage of the virtual community [J] . Electronic Commerce, 2010, 5 (3): 103 -138.

[97] Baron, R. M. , Kenny, D. A.. The moderato - mediator variable distinction in social psychological research: conceptual, strategic and statistical considerations [J] . Journal of Personality and Social Psychology, 1986, 51 (6): 1173 -1182.

[98] Barranco, M. J.. A knowledge based recommender system with multigranular linguistic information [J] . International Journal of Computational Intelligence Systems, 2008, 1 (3): 225 -236.

[99] Benoît, E. , Nadine, B. J. , Florence, S.. Personalization of XML content browsing based on user preferences [J] . Journal of Access Services, 2009, 6 (6): 193 -214.

[100] Berger, T. , Zbib, N. , Sallez, Y.. Active product driven control of dynamic routing in FMS [J] . Journal Europeans Des Systems Automatics, 2009 (43): 44 -54.

[101] Bettencourt, L. A.. Customer voluntary performance: customers as partners in service delivery [J] . Journal of Retailing, 1997, 73 (3): 383 -406.

[102] Bickart, Barbara, Robert, M. S.. Internet forums as influential sources of consumer information [J] . Journal of Interactive Marketing, 2001, 15 (3): 31 -40.

[103] Blackler, A. L. , Popovi, V. , Mahar, D. P.. Intuitive interaction Applied to interface design [C] . Proceedings of International Design Congress Douliou,

2005, 6 (1): 1 -8.

[104] Borangiu, T. , Raileanu, S. , Trentesaux, D.. Semi - heterarchical agile control architecture with intelligent product - driven scheduling [J]. IFAC Proceedings Volumes, 2010, 43 (4): 108 - 113.

[105] Bourdeau, L. , Chebat, J. C. , Couturier, C.. Internet consumer value of university students: E - mail - vs. - Web users [J]. Journal of Retailing and Consumer Services, 2002, 9 (2), 61 -69.

[106] Boztepe, S.. User value: competing theories and models [J]. International Journal of Design, 2007, 1 (2): 55 -63.

[107] Bradley, D. A. , Hoyle, D. A.. Intelligent consumer products - past, present and future [C]. 1992 IEE Colloquium on. London: IEE, 1992: 1 -8.

[108] Brakus, J. J. , Schmitt, B. H. , Zarantonello, L.. Brand experience: what is it? how is it measured? does it affect loyalty? [J]. Journal of Marketing, 2009 (3): 85 -88.

[109] Bruno, F. , MuzzupAppa, M.. Product interface designs: a participatory Approach based on virtual reality [J]. International Journal of Human - computer studies, 2010, 68 (5): 254 -269.

[110] Brusilovsky, P. , Kobsa, A. , Nejdl, W.. The adaptive web: methods and strategies of web personalization [J]. Lecture Notes in Computer Science, 2007, 20 (5): 377 -408.

[111] Buurman, R. D.. User - centred Design of Smart Products [J]. Ergonomics, 1997, 40 (10): 1159 - 1169.

[112] Cai, H. , Chen, Y. , Fang, H.. Observational learning: evidence from a randomized natural field experiment [J]. American Economic Review, 2009, 99 (3): 846 -882.

[113] Chan, Y. Y.. Pre - attentive processing of web advertising [D]. Austin: University of Texas, 2005.

[114] Chang, L. , Belkin, N. J.. Implicit acquisition of context for personalization of information retrieval systems [C]. Proceedings of the 2011 Workshop on Context - Awareness in Retrieval and Recommendation. Stanford: ACM, 2011: 10 - 13.

[115] Chorianopoulos, K. , Geerts, D.. Introduction to user experience design for TV Apps [J]. Entertainment Computing, 2011, 2 (3): 149 - 150.

[116] Chung, J. , Tan, F. B. . Antecedents of perceived playfulness: an exploratory study on user acceptance of general information – searching websites [J] . Information and Management, 2004 (1): 869 – 881.

[117] Cong, L. . When does web – based personalization really work? The distinction between actual personalization and perceived personalization [J] . Computers in Human Behavior, 2016, 54 (2): 25 – 33.

[118] Constantinides, E. , Lorenzo, C. R. , Gómez, M. A. . Effects of web experience on consumer choice: a multicultural Approach [J] . Internet Research, 2010, 20 (2): 188 – 209.

[119] Cosley, D. , Lam, S. K. , Albert, I. , et al. . Is seeing believing? How recommender systems influence users' opinions [C] . CHI' 03 Proceedings of the SIGCHI Conference on Human Factors in Computing Systems, 2003: 585 – 592.

[120] David, V. K. . The experience of intelligent products [J] . Products Experience, 2008 (10): 515 – 530.

[121] Deldjoo, Y. , Elahi, M. , Cremonesi, P. . Content – based video recommendation system based on stylistic visual features [J] . Journal of Data Science Jds, 2016, 12 (8): 1 – 15.

[122] Doulamis, N. , Doulamis, A. . Evaluation of relevance feedback schemes in content – based in retrieval systems [J] . Signal Processing Image Communication, 2013, 21 (4): 334 – 357.

[123] Eisenhardt, K. M. . Building theories from case study research [J] . Academy of Management Review, 1989, 14 (4): 532 – 550.

[124] Encelle, B. , Baptiste, J. N. . Personalization of user interfaces for browsing XML content using transformations built on end – user requirements [C] . International cross disciplinary conference on web accessibility, 2007: 58 – 64.

[125] Ferretti, S. , Silvia, M. , Catia, P. . Automatic web content personalization through reinforcement learning [J] . The Journal of Systems and Software, 2016, 24 (5): 1 – 13.

[126] Flavian, C. , Guinaliu, M. , Gunrea, R. . The role played lay perceived usability, satisfaction and consumer trust on wehsite loyalty [J] . Information & Management, 2006, 43 (1): 1 – 14.

[127] Fleder, D. M. , Hosanagar, K. . Blockbuster culture's next rise or fall:

the impact of recommender systems on sales diversity [J]. Management Science, 2009, 55 (5): 697-712.

[128] Forlizzi, J., Battarbee, K.. Understanding experience in interactive systems [C]. Conference on Designing Interactive Systems: Processes, 2004: 261-268.

[129] Främling, K., Holmström, J., Loukkola, J.. Sustainable PLM through intelligent products [J]. Engineering Applications of Artificial Intelligence, 2013, 26 (2): 789-799.

[130] Gale, T. B.. Managing customer Value: Creating quality and service that customer can see [M]. New York: The Free Press, 1994: 28-34.

[131] Garmon, Z., Dan, A. Focusing on the forgone: how value can Appear so different to buyers and sellers [J]. Journal of Consumer Research, 2000, 27 (4): 360-370.

[132] Garrett, J. J.. The elements of user experience: User-centered design for the Web [M]. New York: New Riders Publishing, 2003: 13-20.

[133] Gasalo, L., Flavian, C., Guinaliu, M.. The role of usability and satisfaction in the consumers commitment to a financial services website [J]. International Journal of Electronic Finance, 2008, 2 (1): 31-49.

[134] Ghanbari, S., Woods, J. C., Lucas, S. M.. Object-based semi-automatic tool for content retrieval [J]. Electronics Letters, 2010, 46 (1): 44-46.

[135] Goldstein, D. G., Johnson, E. J., Herrmann, A., et al.. Nudge your customers toward better choices [J]. Harvard Business Review, 2008, 86 (12): 99-105.

[136] Gong, S. J.. Personalized recommendation system based on association rules mining and collaborative filtering [J]. Applied Mechanics & Materials, 2010, 39: 540-544.

[137] Goodrich, K.. The gender gap: brain-processing differences between the sexes shape attitudes about online advertising [J]. Journal of Advertising Research, 2014, 54 (1): 32-43.

[138] Gorsuch, R. L.. Three methods for analyzing limited time-series (N of 1) data [J]. Behavioral Assessment, 1983 (1): 141-154.

[139] Graham, V., Sacha, W. V.. Participative web and user-created con-

tent: web 2.0 Wikis and social networking [C]. Paris: Working Party on the Information Economy, 2007: 133 - 139.

[140] Grossklags, Jens. Towards a model on the factors influencing social App users' valuation of interdependent privacy [C]. Proceedings on Privacy Enhancing Technologies, 2015: 61 - 81.

[141] Guan, Y., Zhao, D., Zeng, A., et al., Preference of online users and personalized recommendations [J]. Physica A Statistical Mechanics & Its Applications, 2013, 392 (16): 3417 - 3423.

[142] Gutierrez, C., Garbajosa, J., Diaz, J.. Providing a Consensus Definition for the Term "Smart Product" [C]. IEEE International Conference & Workshops on the Engineering of Computer Based Systems, 2013: 203 - 211.

[143] Han, J., Schmidtke, H. R., Xie, X.. Adaptive content recommendation for mobile users: Ordering recommendations using a hierarchical context model with granularity [J]. Pervasive & Mobile Computing, 2013, 13 (4): 85 - 98.

[144] Harold, T.. Intelligent consumer products [J]. 1992 IEE Colloquium on. London: IEE, 1992: 20 - 21.

[145] Hassenzahl, M., Tractinsky, N.. User experience - a research agenda [J]. Behaviour & Information Technology, 2006, 25 (2): 91 - 97.

[146] Hawkins, R. P., Kreuter, K., Resnicow, K., et al.. Understanding tailoring in communication about health [J]. Health Education Research, 2008, 23 (3): 454 - 466.

[147] Hekkert, P., Schifferstein, H. N. J.. Introducing product experience [M]. Product Experience, 2008: 1 - 8.

[148] Heung, N. K., Inay H, Kee, S. L., et al.. Collaborative user modeling for enhanced content filtering in recommender systems [J]. Decision Support Systems, 2011, 51 (11): 772 - 781.

[149] Hinman, R.. The emergent mobile NUI paradigm: traversing the GUI/NUI chasm: The mobile frontier: A guide for designing mobile experience [M]. Rosenfeld Media, 2012: 107 - 141.

[150] Hoffman, D. L., Novak, T. P.. The fit of thinking style and situation: new measures of situation - specific experiential and rational cognition [J]. Journal of Consumer Research, 2009, 36 (36): 56 - 72.

[151] Hribernik, K. A. , Pille, C. , Jeken, O. . Autonomous control of intelligent products in beginning of life processes [C] . Proceedings of the 7th International Conference on Product Lifecycle Management, Bremen, Germany, 2010: 312 -319.

[152] Hribernik, K. A. , Warden, T. , Thoben, K. D. . An internet of things for transport logistics - an Approach to connecting the information and material ows in autonomous cooperating logistic processes [C] . Proceedings of the 12th International Modern Information Technology in the Innovation Processes of industrial enterprises, Aalborg, Denmark, 2010: 54 -67.

[153] Hsee, C. K. , Rotienstreich, Y. . Music, pandas, and muggers: on the affective psychology of value [J] . Journal of Experimental, 2004, 133 (1): 23 - 30.

[154] Ilgin, M. A. , Gupta, S. M. . Recovery of sensor embedded washing machines using a multi - kanban controlled disassembly line [J] . Robotics and Computer - Integrated Manufacturing, 2011, 27 (2): 318 -334.

[155] Jeevan, V. K. J. , Padhi, P. . A selective review of research in content personalization [J] . Library Review, 2006, 9 (55): 556 -586.

[156] Jensen. Consumer values among restaurant customers [J] . Hospitality Management, 2007, 26 (3): 603 - 622.

[157] Kang, Y. , Stasko, J. , Luther, K. , et al. . RevisiTour: enriching the tourism experience with user - generated content [C] . International Conference in Innsbruck, Austria, 2008: 59 -69.

[158] Karhul, Rantanen S. User' s experience of Outokumpu expert system at Outokumpu plants [J] . Powder Technology, 1992, 69 (1): 61 -67.

[159] Kazienko, P. , Adamski, M. . AdROSA - adaptive personalization of web advertising [J] . Information Sciences, 2007, 177 (11): 2269 -2295.

[160] Keyson, D. V. . The experience of intelligent products [M] . Product Experience, 2008: 515 -530.

[161] Kintzing, C. . Objects communicants [J] . Hermes Science, 2002 (12): 40 -48.

[162] Kiritsis, D. . Closed - loop PLM for intelligent products in the era of the internet of things [J] . Computer - Aided Design, 2011, 43 (5): 479 -501.

[163] Kotha, Pine, B. J. . Mass customization, the new frontier in business com-

petition [M]. Boston, MA: Harvard Business School Press, 1993.

[164] Kowatsch, T., Maass, W., Filler, A.. Knowledge – based bundling of smart products on a mobile recommendation agent [J]. Mobile Business, 2008 (3): 181 – 190.

[165] Kramer, J., Noronha, S., Vergo, J.. A user – centered design Approach to personalization [J]. Communications of the ACM, 2000, 43 (8): 45 – 58.

[166] Krishna, A., Morrin, M.. Does touch affect taste? The perceptual transfer of product container haptic cues [J]. Journal of Consumer Research, 2008, 34 (6): 62 – 73.

[167] Krumm, J., Davies, N.. User – generated contents [J]. Pervasive Computing, 2008, 21 (10): 22 – 31.

[168] Kärkkäinen, M., Holmström, J., Främling K. Intelligent products-a step towards a more effective project delivery chain [J]. Computers in Industry, 2003, 50 (2): 141 – 151.

[169] Lasalle, D., Britton, T. A.. Priceless: Turning ordinary products into extraordinary experiences [M]. Harvard Business School Press, 2002.

[170] Law, E. L. C., Schaik, P. V.. Modelling user experience – An agenda for research and practice [J]. Interacting with Computers, 2010, 22 (5): 313 – 322.

[171] Lee, G. W., Raghu, T. S.. Determinants of mobile Apps' success: evidence from the App store market [J]. Journal of Management Information Systems, 2014, 31 (2): 133 – 170.

[172] Leitão, P., Rodrigues, N., Barbosa, J., et al. Intelligent products: The grace Experience [J]. Control Engineering Practice, 2015 (42): 95 – 105.

[173] Li, K. C., Kim, W. Y.. For wearable device user experience and user concerns of the elements of the evaluation – Focused on the wearable device and fitbit flex [J]. Pervasive &Mobile Computing, 2015, 15 (1): 255 – 264.

[174] Liang, T. P., Lai, H. J., Ku, Y. C.. Personalized content recommendation and user satisfaction: theoretical synthesis and empirical findings [J]. Journal of Management Information Systems, 2006, 23 (3): 45 – 70.

[175] Lohse, G. L., Wu, D. J.. Eye movement patterns on Chinese yellow pa-

ges advertising [J] . Electronic Markets, 2001, 11 (2): 87 -96.

[176] Madkour, M. , Driss, G. , Hasbi, A.. Context - aware service retrieval in uncertain context [C] . Proceedings of International Conference on Multimedia Computing and Systems, ICMCS. Tangier, Morocco: IEEE, 2012: 611 -616.

[177] Mahlke, S.. Factors influencing the experience of website usage [C] . CHI' 02 Extended Abstracts. New York: ACM Press, 2002: 846 -847.

[178] Manvi, S. S. , Venkataram, P.. An intelligent product - information presentation in e - commerce [J] . Electronic Commerce Research and Applications, 2005 (4): 220 -239.

[179] Marchiori, E. , Cantoni, L.. The role of prior experience in the perception of a tourism destination in user - generated content [J] . Journal of Destination Marketing & Management, 2015, 4 (3): 194 -201.

[180] Mathwick, C. , Malhotra, N. , Rigdon, E.. Experiential value: conceptualization, measurement and Application in the catalog and Internet shopping environment [J] . Journal of Retailing, 2001, 77 (1): 39 -56.

[181] Mattern, F.. From smart devices to smart everyday object [C] . Proceedings of SOC2003, Grenoble, France, 2003: 65 -73.

[182] Mcfarlane, D. , Giannikas, V. , Wong, A. C. Y.. Product intelligence in industrial control: Theory and practice [J] . Annual Reviews in Control, 2013, 37 (1): 69 -88.

[183] Mcfarlane, D. , Nyman, J.. Information architecture for intelligent products in the internet of things [J] . International Journal of Physical Distribution & Logistics Management, 2008, 38 (10): 740 -742.

[184] McKain, S.. All business is show business [M] . Nashville: Rutledge Hill Press, 2002.

[185] Meyer, C. , Schwager, A.. Understanding customer experience [J] . Harvard Business Review, 2007 (85): 89 -99.

[186] Meyer, G. G. , Wortmann, J. C.. Production monitoring and control with intelligent products [J] . International Journal of Production Research, 2011, 49 (5): 1303 -1317.

[187] Moeslinger, S.. Technology at home: A digital personal scale [C] . CHI' 97 Extended Abstracts on Human Factors in Computing Systems: Looking to the

Future, ACM, 1997: 216 -217.

[188] Mohelska, H., Sokolova, M.. Smart, connected products change a company' s business strategy orientation [J]. Applied Economics, 2016, (47): 1 -8.

[189] Molinillo, S.. The role of the smartphone on the offline shopping experience [J]. Journal of Interactive Marketing, 2012, 21 (2): 26 -41.

[190] Mooney, K., Bergheim, L.. The ten demandments [M]. Columbus: McGraw - Hill Inc., 2002.

[191] Morville, P.. Ambient find ability: what we find changes who we become [M]. O' Reilly Media, Inc., 2005.

[192] Murugesan, S., Ramanathan, A.. Web personalisation - an overview [C]. International Computer Science Conference, Amt, Hong Kong, China, 2001, 2252 (4): 65 -76.

[193] Noor, F., Ali, H., Lada, A.. Expressing social relationships on the blog through links and comments [J]. Expert Systems with Applications, 2011, 25 (38): 5330 -5335.

[194] Oliveira, K. M., Firas, B., Houda, M.. Transportation ontology de? nition and Application for the content personalization of user interfaces [J]. Expert Systems with Applications, 2012, 40 (3): 3145 -3159.

[195] Paireekreng, W., Wong, K. W.. The empirical study of the factors relating to mobile content personalization [J]. International Journal of Computer Science and System Analysis, 2008, 2 (2): 173 -178.

[196] Park, C., Lee, T.. Information direction, website reputation and eWOM effect: A moderating role of product type [J]. Journal of Business Research, 2009, 62 (1): 61 -67.

[197] Park, C. W., Jun, S. Y., Macinnis, D. J.. Choosing what i want versus rejecting what i do not want: an Application of decision framing to product option choice decisions [J]. Journal of Marketing Research, 2000 (37): 187 -202.

[198] Park, H. S., Tran, N. H.. An intelligent manufacturing system with biological principles [J]. International Journal of CAD/CAM, 2010, 10 (1): 39 -50.

[199] Pathaket, B., Garfinkel, R., Gopal, R. D., et al. Empirical analysis of the impact of recommender systems on sales [J]. Journal of Management Information Systems, 2010, 27 (2): 159 -188.

[200] Peck, J., Johnson, J. W.. Autotelic need for touch, haptics, and persuasion: The role of involvement [J]. Psychology & Marketing, 2011, 28 (3): 222-239.

[201] Pereira, R. E.. Influence of query-based decision aids on consumer decision making in electronic commerce [J]. Information Resources Management Journal, 2001, 14 (1): 31-48.

[202] Perugini, S., Ramakrishnan, N.. Personalizing web sites with mined-initiative interaction [J]. IT Professional, 2003, 5 (2): 9-15.

[203] Peterson, R. A.. A meta-analysis of cronbach' s coefficient alpha [J]. Journal of Consumer Research, 1994, 21 (2): 381-391.

[204] Pine, II., Gilmore, J. H.. Welcome to the experience economy [J]. Harvard Business Review, 1998, 76 (4): 97-98.

[205] Podsakoff, P. M.. Self-reports in organizational research: problems and prospects DW organ [J]. Journal of Management: Official Journal of the Southern Management Association, 1986, 12 (4): 531-544.

[206] Porter, M. E., Ignatus A. How smart, connected products are transforming competition [J]. Harvard Business Review, 2015, 40 (4): 38-69.

[207] Porter, M. E.. Technology and comptitive advantage [J]. Journal of Business Strategy, 1985, 5 (3): 60-78.

[208] Ragnhild, H.. Using semantic web technologies to collaboratively collect and share user-generated content in order to enrich the presentation of bibliographic records-development of a prototype [J]. Berkley Technology Law Journal, 2009, 6 (1): 363-404.

[209] Rijsdijk, S., Hultink, E. J.. How today' s consumers perceive tomorrow' s smart products [J]. Journal of Product Innovation, 2009, 26 (1): 24-42.

[210] Robertson, A.. Technolust versus creative design: some implications of "intelligent" products for design [C]. 1992 IEE Colloquium on. London: IEE, 1992: 9-15.

[211] Rodie, A. R., Kleine, S. S.. Customer participation in services production and delivery [J]. Handbook of services marketing and management, 2010 (11): 111-125.

[212] Rubinoff, R.. How to quantify the user experience [J]. Retrieved,

2004, 5 (10) : 4 – 21.

[213] Sabou, M., Kantorovitch, J., Nikolov, A., et al. Position paper on realizing Smart products?: challenges for semantic web technologies [J]. Networks, 2009 (13): 135 – 147.

[214] Sallez, Y., Berger, T.. The lifecycle of active and intelligent products: the augmentation concept [J]. International Journal of Computer Integrated Manufacturing, 2010, 23 (10): 905 – 924.

[215] Sandnes, F. E., Jian, H. L., Huang, Y. P., et al. User interface design for public kiosks: an evaluation of the taiwan high speed rail ticket vending machine [J]. Journal of Information Science and Engineering, 2010, 26 (1): 307 – 321.

[216] Schleicher, R., Shirazi, A. S.. World Cupinion experiences with an Android App for real – time opinion sharing during soccer world cup games [J]. International Journal of Mobile Human Computer Interaction, 2011, 3 (4): 18 – 35.

[217] Schmitt, B. H.. Experiential marketing [J]. Journal of Marketing Management, 1999, (15): 53 – 67.

[218] Schoberth, T., Preece, J., Heinzl, A. Online communities: a longitudinal analysis of communication activities [C]. Hawaii International Conference on System Sciences, 2003, 7 (1): 10 – 16.

[219] Seale, D. A., Rapoprt, A.. Sequential decision making with relative ranks: an experimental investigation of the secretary problem [J]. Organizational Behavior and Human Decision Processes, 1997, 69 (3): 58 – 67.

[220] Seitz, C., Legat, C., Neidig, J.. Embedding semantic product memories in the web of things [C]. Proceedings of the 2010 8th IEEE International Conference on Pervasive Computing and Communications Workshops, Mannheim, Germany, 2010: 708 – 713.

[221] Shafir, E.. Choosing versus rejecting: why some options are both better and worse than others [J]. Memory and Cognition, 1993, 21 (4): 546 – 556.

[222] Shapiro, B. P., Sviokla, J. J.. Seeking customers [M]. Harvard Business Sch, 1993.

[223] Siror, J. K., Huanye, S., Dong, W.. Automating customs verication process using RFID technology [C]. Proceedings of the 6th International Conference on Digital Content, Multimedia Technology and its Applications, Seoul, Korea, 2010:

404 - 409.

[224] Skadberg, Y. X., Skadberg, A. N., Kimmel, J. R.. Flow experience and its impact on the effectiveness of a tourism website [J]. Information Technology and Tourism, 2005, 7 (3/4): 147 - 156.

[225] Skjetne, J. H.. Too many facebook "friends"? content sharing and sociability versus the need for privacy in social network sites [J]. International Journal of Human - Computer Studies, 2013, 25 (11): 2602 - 2614.

[226] Song, S., Moustafa, H., Afifi, H.. Advanced IPTV services personalization through context - aware content recommendation. IEEE Transactions on Multimedia, 2012, 14 (6): 1528 - 1537.

[227] Stahl, H. K., Matzler, K., Hinterhuber, H. H.. Linking customer lifetime value with shareholder value [J]. Industrial Marketing Management, 2003, 32 (4): 267 - 279.

[228] Stefano, F., Silvia, M., Catia, P.. Automatic web content personalization through reinforcement learning [J]. The Journal of Systems and Software, 2016, 24 (5): 1 - 13.

[229] Talia, L., Michal, S., Ilit, O., et al.. User attitudes towards news content personalization [J]. Int. J. Human - Computer Studies, 2010, 68 (2): 483 - 495.

[230] Tam, K. Y., Ho, S. Y.. Understanding the impact of web personalization on user information processing and decision outcomes [J]. Mis Quarterly, 2006, 30 (4): 865 - 890.

[231] Tam, K. Y., Ho, S. Y.. Web personalization: is it effective? [J]. IT Professional, 2003, 5 (5): 53 - 67.

[232] Tedd, L. A., Yeates, R.. A personalised current awareness service for library and information services staff: an overview of the News Agent for Libraries project [J]. Program, 1998, 32 (4): 373 - 390.

[233] Thorsten, H. T., Kevin, P. G., Walsh, G.. Electronic word - of - mouth via consumer - opinion platforms: what motivates consumers to articulate themselves on the Internet [J]. Interact Market, 2014, 18 (1): 38 - 52.

[234] Tompson, D.. The oxford compact english dictionary [M]. Oxford University Press, Oxford, UK, 1996.

[235] Tullis, T., Albert, B.. Measuring the user experience: Collecting, Analyzing, and Presenting Usability Metrics [M]. Elsevier Inc., 2008: 63 -97.

[236] Ulaga, W.. Customer value in business markets [J]. Industrial Marketing Management, 2001 (30): 315 -319.

[237] Utz, S., Kerkhof, P.. Consumers rule: how consumer reviews influence perceived trustworthiness of online stores [J]. Electronic Commerce Research and Applications, 2012, 11 (1): 49 -58.

[238] Valckenaers, P., Brussel, H. V.. Intelligent products: intelligent beings or agents? [J]. Computers in Industry, 2008, 266 (23): 295 -302.

[239] Valckenaers, P., Germain, B. S., Verstraete, P., et al.. Intelligent products: Agere versus Essere [J]. Computers in Industry, 2009, 60 (3): 217 -228.

[240] Valencia, A., Mugge, R., Schoormans, J. P. L.. The design of smart product -service systems (PSSs): An exploration of design characteristics [J]. International Journal of Design, 2015, 9 (1): 13 -28.

[241] Vargo, Lusch, R. F.. EvoIving to a new dominant logic for marketing [J]. Journal of Marketing, 2004, 68 (1): 1 -17.

[242] Veloso, B., Malheiro, B., Burfuillo, J. C.. A multi -agent brokerage platform for media content recommendation [J]. International Journal of Applied Mathematics & Computer Science, 2015, 25 (3): 513 -527.

[243] Wan, J., Zhu, Y., Hou, J.. Research on user experience quality assessment model of smart mobile phone [J]. Technology & Investment, 2013, 4 (2): 107 -112.

[244] Wang, W., Benbasat, I.. Interactive decision aids for consumer decision making in e -commerce: the influence of perceived strategy restrictiveness [J]. MIS Quarterly, 2009, 33 (2): 293 -320.

[245] Wang, W., Benbasat, I.. Trust in and adoption of online recommendation agents [J]. Journal of the AIS, 2005, 6 (3): 72 -100.

[246] Waterman, A. S., Schwartz, S. J., Conti, R.. The implications of two conceptions of happiness (hedonic enjoyment and eudemonia) for the understanding of intrinsic motivation [J]. Journal of HAppiness Studies, 2008, 9 (1): 41 -79.

[247] Whitney, Q.. Balancing the SEs of usability [J]. Cutter IT Journal, 2004, 17 (2): 4 -11.

[248] Wong, C. Y., McFarlane, D., Zaharudin, A. A.. The intelligent product driven supply chain [C]. Proceedings of IEEE International Conference on Systems, Man and Cybernetics, 2002. Tunisia, IEEE: 264-271.

[249] Woo, S. H., Choi, J. Y., Kwak, C.. An active product state tracking architecture in logistics sensor networks [J]. Computers in Industry, 2009, 60 (3): 149-160.

[250] Woodruff, R.. Customer value: the next source for competitive advantage [J]. Journal of the Academy of Marketing Science, 1997, 25 (2): 139-153.

[251] Wu, C. H. J., Liang, . R. D. Effect of experiential value on customer satisfaction with service encounters in luxury hotel restaurants [J]. International Journal of Hospitality Management, 2009, 28 (4): 586-593.

[252] Yang, X. Y., Moore, P., Chong, S. K.. Intelligent products: from lifecycle data acquisition to enabling product-related services [J]. Computers in Industry, 2009, 60 (3): 184-194.

[253] Yee, K. P., Swearingen, K., Li Kevin, et al.. Faceted metadata for image search and browsing [C]. Proceedings of the SICCHI Conference on Human Factors in Computing Systems, Boston: ACM, 2003: 401-408.

[254] Yin, R. K.. Cross-case analysis of transformed firms: In more transformed firms case studies [C]. Gaithersburg, MD: U. S. Department of Commerce, National Institute of Standards and Technology, 2000: 109-123.

[255] Yolanda, B., Martin, L., Jose, J. P.. An improvement for semantics-based recommender systems grounded on attaching temporal information to ontologies and user profiles [J]. Engineering Applications of Artificial Intelligence, 2011, 24 (3): 1385-1397.

[256] Yue, D., Min, A. K., You, F.. Design of sustainable product systems and supply chains with life cycle optimization based on functional uni [J]. Acs Sustainable Chemistry & Engineering, 2013, 1 (8): 1003-1014.

[257] Zeithaml, V., Berry, L., Parasuraman, A.. The behavioral consequences of service quality [J]. Journal of Marketing, 1988, 60 (2), 31-46.

[258] Zenebe, A., Norcio, A. F.. Representation, similarity measures and aggregation methods using fuzzy sets for content-based recommender systems [J]. Fuzzy Sets and Systems, 2009, 32 (8): 76-94.